中国海洋大学教材建设基金资助

水产生物遗传育种学实验

郑小东 孔令锋 汤志宏 李 琪 于瑞海 编

中国海洋大学出版社
青岛

图书在版编目(CIP)数据

水产动物遗传育种学实验 / 郑小东等编. —青岛：
中国海洋大学出版社，2012.9(2021.8重印)
ISBN 978-7-5670-0076-6

Ⅰ.①水…　Ⅱ.①郑…　Ⅲ.①水生动物－遗传育种－
实验　Ⅳ.①S917.4－33

中国版本图书馆 CIP 数据核字(2012)第 214918 号

出版发行	中国海洋大学出版社		
社　　址	青岛市香港东路 23 号	邮政编码	266071
出 版 人	杨立敏		
网　　址	http://pub.ouc.edu.cn		
电子信箱	oucpress@sohu.com		
订购电话	0532—82032573(传真)		
责任编辑	李建筑	电　话	0532—85902505
印　　制	日照报业印刷有限公司		
版　　次	2012 年 9 月第 1 版		
印　　次	2021 年 8 月第 3 次印刷		
成品尺寸	170 mm×230 mm		
印　　张	8		
字　　数	148 千		
定　　价	24.80 元		

编委会

主　　编　温海深

副主编　王昭萍　唐衍力

编　　委　温海深　王昭萍　唐衍力
　　　　　张文兵　曾晓起　马　琳
　　　　　于瑞海

前　言

　　水产生物遗传育种学实验是遗传育种学课程的重要组成部分。学生通过自己动手进行实际操作，加深对理论知识的理解，掌握有关的实验技术，培养严谨的科学作风和实事求是的工作态度，以及善于动脑、动手和综合分析能力。

　　本实验指导书是根据中国海洋大学水产养殖专业最新教学计划和课程大纲编写的，共分为基础性实验、综合性实验、创新性实验和实验设计等三部分，涵盖了经典遗传学实验、细胞遗传学实验、分子遗传学实验和育种学实验设计等，实验内容由浅至深，易于理解和掌握。随着学校不断加大实验教学的建设力度，有关水产育种的实验项目和相关讲义部分得以充实和更新。

　　在本教材编写过程中，王志刚老师给予了热忱的帮助，在此谨表衷心谢意。

　　由于水平有限，书中说明不清楚，解释不详细以及错误之处在所难免，希望读者能提出宝贵意见，以便加以修改。

编　者

2012 年 6 月于青岛

目　录

实验实施细则

从事实验者必须认真阅读本实验实施细则，详细了解实验前后及其过程的知识和应遵守的规则。

一、开设实验的目的

（1）掌握遗传育种学的基本实验方法和技能。

（2）通过实验验证，巩固理论课所学的基本理论和基础知识。

（3）培养学生的观察、分析和动手能力，使其在实验态度、科研能力等方面获得初步训练。

二、实验过程中应注意的问题

（1）实验用的材料应注意其性质和状态。如果是活体的，应保持其状态（实验前）；如果是浸制的或固定的，应先用清水冲洗，以避免药品刺激，影响实验。冲洗时，不可水流过急，以免损坏材料的内外器官或组织。使用和观察标本时，要耐心、仔细。

（2）要认真使用实验仪器，爱护实验材料。若有浪费标本或损坏、丢失仪器等情形，视情节赔偿。

（3）实验过程中将手机关闭或处于静音状态，保持室内安静。

三、实验规则

（1）不迟到，不早退。实验过程保持室内清洁、整齐、有条理。

（2）爱惜仪器、标本，节约实验材料、药品和试剂。实验结束时，显微镜、体视镜要恢复原位。所用器材必须洗净、擦干，放回原处。

（3）不得损坏、遗失标本和仪器设备。若有损坏，应及时报告指导教师，以便采取措施，妥善处理。

（4）不得自行拆看仪器。若发现仪器失灵，应及时通知指导教师，检查并予以处理。

（5）所用药品严格按照说明书安全使用，有毒药品应在教师指导下使用。

（6）各实验小组间不得擅自挪用或借用实验器材和药品。

（7）将用完的不能回收利用的实验材料或试剂等弃入废物器内；有毒试剂需要回收，不能随意倒入下水道中。

（8）实验结束后，轮流打扫卫生，擦洗实验台及地板。

四、实验指导及实验报告撰写

（1）做好实验预习，认真阅读实验指导，结合课堂的理论讲授，了解实验目的和内容要求。

（2）每次实验前，指导教师作讲解和说明。

（3）实验过程中，应按实验指导进行。不清楚的地方，及时和指导教师沟通交流。

（4）实验报告包括绘图和答题两部分。字迹要清楚工整，内容要明晰、有条理。

（5）实验报告中生物绘图的要求。

①具有高度科学性，形态结构要清晰、准确，充分体现真实性。

②图面整洁，铅笔要用 2H 或 3H 型号，保持笔尖锐利。

③绘图比例要正确，位图位于报告纸的稍左边，右边留空白作注字用。

④绘图的线条要光滑、流畅、匀称，打点要大小一致，不可涂色。

⑤每图必须有图注，字体用正楷，大小要均匀，不能潦草。注图线用直尺画出，间隔要均匀，且一般多向右边引出，图注部分接近时可用折线，但注图线之间不能交叉，图注要尽量排列整齐。

⑥绘图完成后，在绘图纸上要写明实验名称、班级、姓名、时间，在图的下方注明图名及放大倍数。

（6）绘图步骤和注意事项。

①绘图前，应根据实验所要求的绘图数量和内容，在图纸上安排好各图的位置、比例，并留出书写图注的地方，以免由于图设计的不合适而造成排列混乱，影响图的效果和美观。

②绘图时，先绘整体图，再绘具体结构图，例如细胞结构图，应画出细胞全形，然后再绘细胞各部分结构。

③先画草图，再绘详图。先在图纸上轻轻勾出图形的轮廓，并注意对照观察所画轮廓大小是否与实物相符合，然后再用 2H 或 3H 铅笔，描出与物体相吻合的线条。线条粗细均匀，光滑清晰，接头处无叉和痕迹，点要匀称，切忌点线重复描绘。

（7）实验报告按时完成上交，也可在下次实验课前提交。

第一部分
基础性实验

实验一 有丝分裂过程中的染色体行为观察

一、实验目的

（1）学习和掌握染色体压片技术。

（2）观察植物根尖细胞有丝分裂各个时期染色体的形态特征和动态变化。

二、实验原理

细胞分裂是生物个体生长和生命延续的基本特征，其中有丝分裂是生物体细胞增殖的主要方式。在有丝分裂过程中，细胞核内染色体能准确地复制，并能有规律地、均匀地分配到两个子细胞中去，使子细胞的遗传组成与母细胞完全一样，从而可以推断生物性状的遗传与染色体的准确复制和均等分配有关。支配生物性状的遗传物质主要存在于细胞核内的染色体上。

细胞有丝分裂是一个连续过程，可分为前期、中期、后期和末期。有丝分裂在整个细胞周期中约占10%的时间，而细胞周期其余大部分时间是处于连续两次分裂的细胞间期。有丝分裂的各时期染色体变化的特征简述如下：

前期：核内染色体逐渐浓缩为细长而卷曲的染色体，每一染色体含有两个染色单体，它们具有一个共同的着丝点；核仁和核膜逐渐模糊不明显。

中期：核仁和核膜逐渐消失，染色体缩短变粗，各染色体排列在赤道板上。从两极出现纺锤丝，分别与各染色体的着丝粒相连，形成纺锤体。中期染色体呈分散状态，便于鉴别染色体的形态和数目。

后期：各染色体着丝点处分裂为二，连接的两个染色单体也相应分开，成为两个染色体，并各自随着纺锤丝的收缩而移向两极，每组有一套染色体，其数目和原来的染色体数目相同。

末期：分开在两极的染色体各自组成新的细胞核，在细胞质两极赤道板处形成新的细胞壁，使细胞分裂为二，形成两个子细胞。这时细胞进入分裂间期。

间期：细胞分裂末期到下一次细胞分裂前期间的一段时间。在光学显微镜下，看不到染色体，只能看到均匀一致的细胞核及其中许多的染色质。实际上，

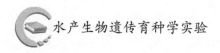

此时核处于高度活跃的生理生化的代谢阶段,为细胞继续分裂准备条件。

高等植物有丝分裂主要发生在根尖、茎生长点及幼叶等部位的分生组织。由于根尖取材容易,操作和鉴定方便,故一般采用根尖作为观察有丝分裂的适宜材料。

三、实验材料

洋葱($Allium\ cepa$, $2n=16$)的鳞茎,蚕豆($Vicia\ faba$, $2n=12$)的种子。

四、实验用具和试剂

1. 仪器用具

显微镜,乙醇灯,恒温箱,水浴锅,培养皿,载玻片,盖玻片,镊子,刀片,解剖针,木夹,吸水纸,滤纸,标签,铅笔等。

2. 药品试剂

无水乙醇,95%乙醇,80%乙醇,70%乙醇,1 M 盐酸,醋酸洋红,卡诺氏(Carnoy's)固定液,氢氧化铁,秋水仙素。

3. 试剂制备

醋酸洋红染色液:将 45 mL 醋酸加入到 55 mL 蒸馏水中,加入洋红 1 g,煮沸,使其充分饱和,冷却过滤,并加醋酸铁或氢氧化铁(媒染剂)水溶液数滴或在加入 1 g 洋红的同时加入 1 枚大头针,煮沸,然后文火 2～3 h,冷却过滤。

改良苯酚品红染液:将 3 g 碱性品红溶入 100 mL 70%酒精,取其中 10 mL 加入到 90 mL 5%苯酚水溶液中,搅拌均匀。从中取 55 mL 溶液加入到 6 mL 的冰醋酸和 6 mL 的 38%的甲醛中。取混合液 20 mL,加 45%冰醋酸 80 mL,充分混匀,再加入 1 g 山梨醇,放置 14 d 后使用,可保存 3 年。

卡诺氏(Carnoy's)固定液:

配方Ⅰ:纯酒精 3 份＋冰醋酸 1 份。

配方Ⅱ:纯酒精 6 份＋冰醋酸 1 份＋氯仿 3 份。

也可用甲醇和冰醋酸 3:1 混合。该固定液是研究细胞分裂和染色体的优良固定液,使用时需要现用现配,长时间放置会影响固定效果,固定时间不宜过久。必要时可以调整酒精(或甲醇)与冰醋酸之间的比例。增加冰醋酸量,有助于细胞膨胀,染色体舒展,但是也容易导致细胞破裂和染色体散失。

五、实验步骤

1. 材料准备

选取新鲜饱满的蚕豆种子,加少量热水(90℃左右)搅拌 1～2 min,倒入冷水调节温度,使其达 45℃～50℃,放置过夜,使种子充分吸水膨胀。然后,将水倒出,用蒸馏水清洗,捞出后,包于干净的双层湿纱布中,置于 25℃培养箱中。待种子开始萌发时取出,使胚根外露出向下插入经水洗过的湿锯末中,锯末厚度 3～5 cm,保持温湿条件继续培养。当胚根长到 1.5～2.0 cm 时,切除主根根尖,继续埋入湿锯末中,使其生出侧根。当侧根长至 1.5 cm 左右时,用水洗净根系,用吸水纸尽量吸干种子及胚根上的水分。将长出侧根的蚕豆置于 0.1%秋水仙素溶液(量以浸没根尖为宜),保存在 8℃培养箱中(这样处理,可抑制和破坏纺锤丝的形成,促使染色体缩短和分散)。然后,用刀片或剪刀将上述处理的根尖剪下 1 cm 左右,以卡诺固定液在室温条件下固定 2～24 h,固定液用量为根尖材料体积的 15 倍以上。固定完成后,用 95%乙醇冲洗根尖后,置于70%乙醇中。在 0℃～4℃冰箱中可保存 1～2 年。

2. 染色体标本的制作

将数根根尖放入盛有醋酸洋红染色液(5 mL)的小指管中,用木夹夹住,在乙醇灯上加热煮沸,稍离火,再烧沸,重复 7～8 次,使根尖软化着色。加热时,要先预热并不断摇动试管,以防煮沸的染色液冲出试管。然后将处理过的根尖倒入表面皿中,取根尖,置于载玻片上,切取根尖分生组织约 1.5 mm,加 1 滴醋酸洋红,盖上盖玻片,包被吸水纸吸干多余染色液,用手指轻压,再用带皮头的玻璃棒垂直轻敲。注意:敲打时,不要移动盖玻片。

3. 镜检

先用低倍显微镜寻找有分裂相的细胞,随机统计 100 个细胞,确定处于不同分裂时期的细胞的百分率,然后再用高倍镜仔细观察各时期染色体的行为和特征。

六、作业

(1)制作细胞有丝分裂各时期图像清晰的片子 1～2 张。

(2)对所观察到的有丝分裂各时期细胞分裂相进行绘图,并简要说明染色体的行为特征。

七、分裂相(参考)

图 1.1 蚕豆有丝分裂相

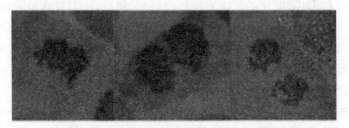

图 1.2 蚕豆有丝分裂相(示分裂中、后期)

图 1.3 蚕豆有丝分裂中期分裂相

实验二 减数分裂过程中的染色体行为观察

一、实验目的

(1) 了解高等植物形成花粉时的减数分裂过程。

(2) 掌握染色体标本制片技术。

二、实验原理

减数分裂只发生在生殖细胞形成的过程中,细胞连续分裂两次,而染色体只复制一次,结果染色体数目减半,所以称作减数分裂。减数分裂包括两次细胞分裂,第一次是减数的,而第二次是普通的有丝分裂。另外,第一次细胞分裂存在一个相当复杂的前期,而且存在同源染色体配对和交叉等现象。

三、实验材料

玉米($2n=20$)雄蕊,蚕豆($2n=12$)花药,洋葱($2n=16$)花药。

四、实验用具和试剂

1. 仪器用具

显微镜,乙醇灯,恒温箱,水浴锅,培养皿,载玻片,盖玻片,镊子,刀片,解剖针,木夹,吸水纸,滤纸,标签,铅笔等。

2. 药品试剂

醋酸洋红,改良品红,卡诺氏固定液。

3. 试剂制备

(1) 醋酸洋红染色液,见实验一;

(2) 改良苯酚品红染液,见实验一;

(3) 卡诺氏固定液,见实验一。

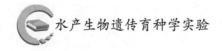

五、实验步骤

1. 取材

选择适宜取材时机是确保能观察到减数分裂各时期的关键。

北方产的玉米需要 5 月份取材，以上午 8:30 时间段为佳。除太老的分枝以外，在每一个分枝中，以中部偏上区域为比较成熟的部分，从此往尖端或基部，小穗逐渐幼嫩。玉米小穗是成对存在的，无柄小穗的发育时期比邻近的有柄小穗的发育时期要早，每小穗中有两朵小花，各有花药 3 个，第一朵小花比第二朵小花幼嫩，第一朵小花的分裂时期依各小穗着生部位不同有一定的顺序性，而同一朵小花的 3 个花药几乎处于同一发育时期。通常在一个分枝上从幼嫩的部位向较为成熟的区域混合制片，可以在一个片子中看到小孢子形成过程中的各个时期。

2. 固定与保存

取刚开始孕穗的玉米植株（此时植株一般有 12～14 个展开的叶片），此时用手摸植株上部（喇叭口下部）有松软的感觉，表明雄花序即将抽出，用刀在顶叶近喇叭口处纵向划一刀，切口长 10～15 cm，剥开未展开的叶片，摘取幼嫩的雄蕊，放入卡诺固定液中固定 12～24 h，用 95％乙醇洗脱醋酸，再移入 70％的乙醇中，置于 4℃冰箱内保存备用，固定时间一般在上午 7～9 时为宜，此时分裂相较多。

3. 染色与制片

从固定保存的材料中取下一朵花蕾，置于载玻片上，用解剖针剥开内外颖片，可以看到 3 枚棒状的雄蕊，留下雄蕊，除去内外颖片，滴加少量的改良苯酚品红（或醋酸洋红），用解剖针将花粉囊挤破，使花粉母细胞游离出来，并将其均匀地涂布在载玻片上，除去囊壁残渣，盖好盖玻片，盖上吸水纸，用拇指轻压盖玻片，吸去周围多余的染液，勿使盖玻片移动。若细胞质染色过深，可在盖玻片一侧滴加 45％乙酸，在另一侧用吸水纸吸，让乙酸从盖玻片下流过，达到分色目的。

4. 镜检

在显微镜下查找花粉母细胞、二分体、四分体、花粉粒及各时期细胞。

六、实验结果

细胞的减数分裂包括第一次细胞分裂（前期Ⅰ、中期Ⅰ、后期Ⅰ、末期Ⅰ）和第二次细胞分裂（前期Ⅱ、中期Ⅱ、后期Ⅱ、末期Ⅱ）。

1. 前期Ⅰ（Prophase Ⅰ）（图 2.1）

（1）细线期（Leptotene stage）：染色体细长，在显微镜下呈细丝状，染色体在核内一侧缠绕在一起，可见核膜和核仁。

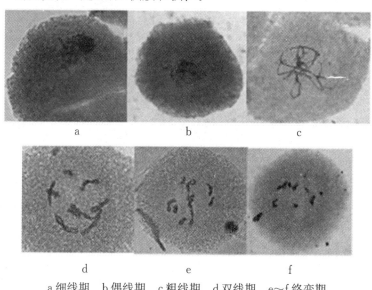

a　　　　　　b　　　　　　c

d　　　　　　e　　　　　　f

a 细线期　b 偶线期　c 粗线期　d 双线期　e～f 终变期

图 2.1　玉米减数分裂前期 I

（2）偶线期（Zygotene stage）：染色体稍粗些，同源染色体配对联会，这是减数分裂特有的现象。染色体比细线期略分散。

（3）粗线期（Pachytene stage）：联会过程完成，同源染色体间的互换发生在这一时期，但因同源染色体联会在一起，所以看不到交叉现象。这时亦可区分10 个配对的双价体，每个双价体含有四个染色单体，但仅有两个着丝粒，染色体继续变短变粗。

（4）双线期（Diplotane stage）：联会力量消失，同源染色体分开，由于同源染色体分开，可清楚地看到交叉现象，呈 X、V、O 等形状。同时，由于交叉现象的存在，抑制了同源染色体的完全分离，交叉部位可能已发生互换而实现了染色体重组。

（5）终变期（Diakinesis）：染色体进一步变短、变粗，交叉点向染色体两极移动——短化现象。此时期可清楚地数出染色体的数目。终变期末，核膜消失，核仁也消失。

2. 中期 I（Metaphase I）（图 2.2a）

核仁、核膜消失，纺锤体形成，一个个二价体（同源染色体）排列在赤道板上，两个同源染色体的着丝粒逐渐远离。

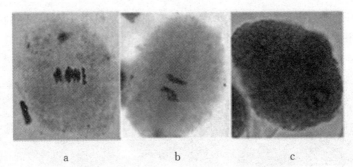

a   b   c

a 中期 I   b 后期 I   c 末期 I

图 2.2　玉米减数分裂 I 期的分裂相

3. 后期 I（Anaphase I）(图 2.2b)

同源染色体逐渐向两极移动,但每条染色体有一个着丝粒含有两个染色单体。

4. 末期 I（Telophase I）(图 2.2c)

染色体到达两极后,染色体解旋,又呈细丝状,核膜形成,胞质分裂形成两个子细胞,每个子细胞只接受了每一对同源染色体中的一条染色体。

5. 间期（Interphase）

即二分孢子时期。在此时间不发生 DNA 合成和染色体扶植。但有的植物和大多数动物不经过末期和间期,直接进入第二次减数分裂的晚前期。

6. 前期 II（Prophase II）(图 2.3a)

染色体变粗、变短。每个染色体含有一个着丝粒和纵向排列的两条染色单体。

7. 中期 II（Metaphase II）(图 2.3b)

纺锤体形成,染色体排列在赤道板上。

8. 后期 II（Anaphase II）(图 2.3c)

着丝粒分裂,两条染色单体移向两极,每极只含 n 条染色体。

9. 末期 II（Telophase II）(图 2.3d～f)

染色体逐渐解螺旋,变为细丝状,核膜重建,核仁重新形成,每个子细胞又形成两个新的子细胞,从而产生四分孢子,完成减数分裂的过程。

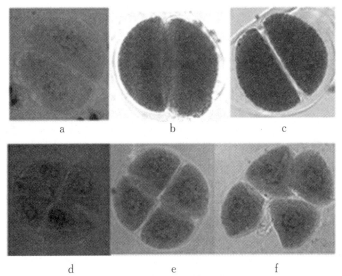

a前期Ⅱ　b中期Ⅱ　c后期Ⅱ　d末期Ⅱ　e四分孢子　f形成花粉

图2.3　玉米减数分裂Ⅱ期的分裂相

七、实验作业

（1）绘制观察到的植物细胞减数分裂各个时期的典型细胞（示染色体形态）。

（2）比较有丝分裂和减数分裂的异同。

（3）双线期的交叉现象具有怎样的遗传学意义？

实验三 染色体组型分析

一、实验目的

(1) 掌握染色体制片技术。

(2) 了解和认识某一物种染色体组的基本组成和染色体形态特征。

(3) 计算染色体组型有关数据。

二、实验原理

各种生物的染色体数目是恒定的。大多数高等动植物是二倍体(diploid)，即每一个体细胞含有两组同样的染色体，用 $2n$ 表示。其中与性别直接有关的染色体，即性染色体可以不成对。每个配子带有一组染色体，称为一个染色体组(genome)。两性配子结合后，具有两组染色体，成为二倍体的体细胞染色体组成。

染色体在复制以后，纵向并列的两个染色单体(chromatids)通过着丝粒(centromere)连在一起。着丝粒在染色体上的位置是固定的。由于着丝粒位置的不同，可以把染色体分成相等或不等的两臂(arms)，分成中间着丝粒、亚中部着丝粒、亚端部着丝粒和端部着丝粒等形态染色体。此外，有的染色体还含有随体和次缢痕。所有这些染色体的特异性构成一个物种的染色体组型。染色体组型分析是细胞遗传学的基础，在现代分类与进化、染色体原位杂交等领域都具有重要的意义。

三、实验说明

(1) 染色体组型也称核型(karyotype)，是指把动物、植物、真菌等某一个体或某一分类群的体细胞内整套染色体显微摄影后再放大照片，按照染色体相对长度、臂比、染色体臂数等参数将所有染色体作系统排列，可代表一个物种的染色体特征。

(2) 由于实验室用于分析的染色体标本的组织来源不同，制作方法各异，分析时所依据的标准及采用的手段不同，所以同一物种的染色体组型分析结果可能不完全一样。因此，组型分析只是对每一物种染色体特征的基本和粗略描述。需要测量并处理的数据包括：

臂比＝长臂/短臂

着丝粒指数＝短臂/该染色体长度

总染色体长度＝该细胞单倍体全部染色体长度(包括性染色体)之和

相对长度＝每一个染色体的长度/总长度(以百分值表示)

（3）染色体分类和臂数计算的标准。染色体分类一般采用 Levan 提出的标准，即按臂比(arm ratio ＝ 长臂长度/短臂长度)将染色体分为四类：

类型	臂比
中部着丝粒染色体(metacentrics,m)	1.00～1.70
亚中部着丝粒染色体(submetacentrics,sm)	1.70～3.00
亚端部着丝粒染色体(subtelocentrics,st)	3.00～7.00
端部着丝粒染色体(telocentrics,t)	7.00～∞

计算染色体长度时，可以包括随体也可以不包括，但均要注明。

染色体臂数的计算有两种标准：一种标准是根据 Matthey 的建议，将中部、亚中部着丝粒染色体的臂数计为2，亚端部和端部着丝粒染色体的臂数计为1。如此计算的臂数常称为染色体基数或臂数(fundamental number or fundamental arm number,NF)。另一标准是将中部、亚中部和亚端部着丝粒染色体的臂数计为2，仅仅把端部着丝粒染色体的臂数计为1，称作染色体臂数(chromosome arm number,AN)。

（4）有丝分裂和减数分裂时期的细胞都可以得到染色体组型，只是体细胞和性细胞染色体数目有倍性的差异。植物多选取生长旺盛的根尖、茎尖、花药、愈伤组织等细胞制片。动物则除了直接取肾、肝、脊髓、鳃、胚胎、性腺等组织细胞制片以外，还可体外培养各组织细胞进行制片。

四、实验材料

蚕豆或洋葱根尖；细胞中期分裂相显微摄影后放大的照片或图片。

五、实验用具和试剂

1. 仪器用具

显微镜、乙醇灯、载玻片、盖玻片、恒温水浴锅、温度计、烧杯、指管、镊子、解剖针、染色板、纱布、吸水纸。

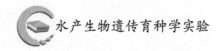

2. 药品试剂

Schiff 试剂,1 M HCl,冰乙酸,95%乙醇,70%乙醇,0.1%秋水仙碱。

3. 试剂制备

卡诺氏固定液的制备同实验一。

Schiff 试剂:将 1 g 碱性品红加入 200 mL 煮沸的蒸馏水中,再煮沸 3~4 min,待溶液全部冷却到 50℃时过滤,再等溶液冷到 25℃以下时,加入 30 mL 1 M HCl 和 3 g 偏重亚硫酸钠,装进棕色瓶,塞上瓶塞,置于黑盒中 48 h,溶液呈无色或淡黄色即可。若有少许红色,可用活性炭(加 1 g)过滤,经过滤的溶液(或加入活性炭充分振荡)还是淡红色就不能用,需要重新配制。

偏重亚硫酸钠与 1 M HCl 反应,放出 SO_2,SO_2 与碱性品红反应,生成碱性品红-亚硫酸溶液,为无色溶液。

六、实验步骤

1. 材料准备

选取新鲜饱满的蚕豆种子,加少量热水(90℃左右)搅拌 1~2 min,然后倒入冷水,使水温至 45℃~50℃,自然降至室温,放置过夜,使种子充分吸水膨胀后将水倒出,用蒸馏水清洗,捞出包在干净的双层湿纱布中置于 25℃培养箱中,每天换水,待种子开始萌发时取出,使胚根外露出向下插入经水洗过的湿锯末中,锯末厚度 3~5 cm,保持温湿条件继续培养,当胚根长到 1.5~2 cm 时用水洗净,用吸水纸尽量吸干种子及胚根上的水分,将长出胚根的蚕豆置于 0.1%秋水仙素溶液(量以浸没其根尖为宜),保存在 8℃培养箱中(这样处理可抑制和破坏纺锤丝的形成,促使染色体缩短和分散)。然后,用刀片或剪刀将上述处理的根尖剪下 1 cm 左右,以卡诺固定液室温固定 2~24 h,固定液量为根尖材料体积的 15 倍以上。用 95%乙醇冲洗根尖后置于 70%乙醇中,放于 0℃~4℃冰箱可保存 1~2 年。

2. 染色体标本制备

植物多采用压片方法制备。这里仅介绍 Feulgen 反应染色制片方法。

从固定液中选取 6~8 个根尖放在盛有 1M HCl 的试管中,在 60℃水浴中水解 8 min,用清水冲洗干净,取出将根尖向内放在凹孔染色板上(一个孔内,如图 3.1 所示),加入 Schiff 试剂,染色 20 min,根尖应呈深紫红色,用刀片或解剖针切取根尖 1 mm 于载玻片上,将其分割成 4~5 小块,用针尖拨碎分散开,加 1 滴 45%冰醋酸,加上盖玻片,复以吸水纸,用平稳力挤压出多余的醋酸,用拇指、中指和食指将盖片、载片固定在实验台边,后用橡皮头玻璃棒用力均匀地敲打盖片,使根尖细胞成一单层细胞(材料呈一片云雾状),进行镜检。

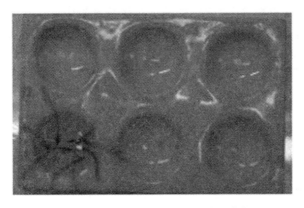

图 3.1　在染色板上用 Schiff 试剂染色

3. 染色体二倍数($2n$)的确定

在高倍镜下选取 50～100 个分散良好,形态清晰,数目完整的分裂相。计数每个细胞的染色体数目,找出染色体数目的众数,并计算众数所占百分比,据此确定它的染色体倍数($2n$)。

4. 染色体观察与测量

在油镜下选取 5～10 个数目完整,分散良好,长度适当(正中期),着丝粒清楚,两条染色体适度分开,形态清晰的染色体分裂相进行显微数码拍照。(见图 3.2)

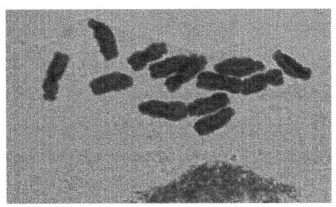

图 3.2　蚕豆根尖染色体中期分裂相

在照片上记录染色体形态测量数据。首先确认每条染色体的着丝粒位置,以此为界用毫米尺测量染色体的长臂和短臂长度,或用染色体自动分析仪测得,按上述标准计算分类每条染色体,计算出每条染色体的平均数、相对长度和标准误差,并参考众数,确定该物种的染色体分类组成。在高倍镜或油镜下还需注意观察染色体的其他形态特征,如有无异型染色体对、次缢痕、随体等。

5. 染色体组型测量数据分析整理

染色体	长臂相对长度 $(\overline{X}\pm S.D)$	短臂相对长度 $(\overline{X}\pm S.D)$	相对全长 $(\overline{X}\pm S.D)$	臂比	有无随体	分类
1						
2						
3						
4						
5						
6						
7						
8						
9						
10						
11						
12						

6. 同源配对

选取其中形态最好,最有代表性的一个分裂相照片,依次剪下各单个的染色体,按表型特征将全部染色体配同源对(或同源组)。配对的根据是随体的有无及大小,臂比是否相等,染色体长度是否相等。

7. 同源对排列

将染色体全部的同源对(或同源组)按以下规则依次整齐排列:

① 全部着丝点对齐在同一水平线上;

② 短臂朝上长臂在下;

③ 按大小降序从左到右依次排队(等长的染色体,短臂长者排在前头);

④ 具随体染色体、性染色体排放在最后(蚕豆染色体组型例外);若有两对以上具随体染色体,则大随体染色体在前,小随体染色体在后。

8. 拍照

将排好的染色体对(组)按先后顺序粘贴在绘图纸上,编上序号;然后翻拍定型,使其成为终定的核型照片。

9. 画出标准化模式图

用坐标纸或绘图纸绘成染色体模式图。

六、思考题和作业

(1) 什么是染色体组型? 主要包括那些内容?

(2) 你认为研究某物种染色体组型分析的关键是什么。

(3) 蚕豆染色体组型分析结果——数据统计表,核型图。

七、参考图示

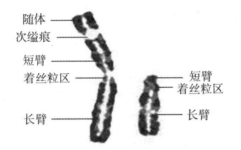

图 3.3　染色体模式图

图 3.4　细胞有丝分裂中期分裂相(左,洋葱根尖;右,蚕豆根尖)

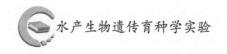

实验四　植物多倍体的诱发

一、实验目的

（1）了解人工诱导多倍体的原理。

（2）学习用秋水仙素诱发多倍体植物的方法。

（3）学习识别多倍体植物的形态特征及其细胞学特点。

二、实验原理

生物体的细胞核中都有相对稳定的染色体数目，这是物种的基本特征之一。如太平洋牡蛎（*Crassostrea gigas*）的体细胞具有 20 条染色体，人类则具有 46 条染色体，但是这些细胞核内的染色体并不是杂乱无序的，而是组成一个或多个染色体组（genome），或称基因组。在同一染色体组内所有的染色体在形态上以及染色体上携带的基因都不相同，但是它们包含了这一物种最基本的全套遗传物质，并以完整而协调的方式发生作用，构成了完整、协调的基因体系。在进化过程中由于选择压力的影响，这些基因以其平衡、协调的方式与环境相互作用，缺乏染色体组中的任何成分将面临淘汰的危险。

每个染色体组所包含的染色体数目称为基数（basic number），通常以 X 表示。例如，玉米的 20 条染色体包含了 2 个染色体组，$X=10$。两组染色体之间有成对的同源染色体（ homologous chromosome ），在减数分裂过程中，每对同源染色体独自分到 2 个子细胞中，因此配子细胞只含有体细胞中 2 组染色体中的一组。单倍体（haploid）是指其细胞核内所含的染色体数与该物种配子中所含的染色体数目一样。就个体发育而言，生物体生殖细胞是单倍的，但是由于产生配子的生物体的倍性水平不同，配子可以是一倍的也可以是非一倍的。

植物多倍体是指每个细胞中的染色体数具有三整套或更多套数的植物。多倍体普遍存在于植物界，目前已知道被子植物中有 1/3 或更多是多倍体。

人工诱导多倍体的方法也很多，分为物理方法（温度剧变、机械损伤、各种射线处理等），化学方法（萘嵌戊烷、麻醉剂、富民农、植物生长激素等），其中秋水仙素是诱发植物多倍体的最有效的方法之一。秋水仙素是从百合科植物秋水仙的种子及器官中提炼出来的一种生物碱，又称秋水仙碱，毒性极强，分子式

为 $C_{22}H_{25}NO_6$，一般是呈淡黄色的粉素，有苦味，易溶于冷水、乙醇、氯仿和甲醛，不易溶于乙醚和苯。它的作用在于阻止分裂细胞形成纺锤丝，染色体不向两极移动，而停止在细胞分裂中期，从而产生染色体加倍的核。若染色体加倍的细胞继续分裂，就形成多倍性的组织，进而产生多倍性的植物。它对染色体结构和复制无显著影响；浓度合适时，对细胞毒害不大。

三、实验材料

大蒜($2n=16$)、洋葱($2n=16$)、蚕豆($2n=12$)等作物的种子、根尖、花蕾或幼苗。

四、实验用具和试剂

1. 仪器用具

显微镜，乙醇灯，培养皿，载玻片，盐酸，水浴锅，盖玻片，刀片，解剖针，吸水纸，铅笔等。

2. 药品试剂

秋水仙素，醋酸洋红染液，卡诺氏固定液，Schiff 试剂，无水乙醇，45%冰醋酸，1 M盐酸。

五、实验步骤

(1) 洋葱的处理：将搪瓷盘的盘口用线绳编织成许多网格，在盘内注入清水。把洋葱的鳞茎洗干净，用刀片将鳞茎上的老根削除，再把其放在搪瓷盘的网格上，使其生根部位恰好接触到水面，在 25℃下培养数日。等新长出的不定根长 1.5～2 mm 时，把制备好的秋水仙素溶液分装到 3～5 个培养皿中，每一培养皿放一洋葱鳞茎，处理浓度以 0.01%～0.4%为宜，使其生根部位刚好和液面接触。同时，另选 3～5 个培养皿放清水，亦放洋葱鳞茎作对照。在 25℃下培养数日后，处理液中培养的根尖明显比对照根尖肥大，此时便可用解剖剪将根尖取下，长度为 1.5 cm 左右，放入固定液中固定 24 h。然后可按照常规的压片法进行细胞学制片，用显微镜观察并计数。

也可以采用种子浸渍法。处理种子时，可先在一定浓度秋水仙素溶液中浸种 24 h 左右，在铺有滤纸的器皿上浸渍种子。再注入 0.1%～0.025%浓度的秋水仙素溶液，为避免蒸发宜加盖并置于暗处，放入 20℃培养箱中，保持适宜的发芽温度，干燥种子处理的天数应比浸种多 1 d 左右。一般发芽种子处理数小时至 3 d 或多至 10 d 左右。对于种皮厚发芽慢的种子，应先催芽后再行处理。已发芽的种子用较低的浓度处理较短的时间，秋水仙素能阻碍根系的发育，因而最好能在发根以前处理完毕。处理后用清水冲洗,移栽于盆钵或田间。所诱导种子长成的植株为多倍体植株。

蚕豆根尖端处理时,秋水仙素浓度比洋葱根尖高,在1%以上。

(2) 取下已膨大的根尖或幼芽,水洗后进行常规制片(卡诺固定液固定,70%乙醇保存,水洗,酸解,水洗,制片,Schiff 试剂染色,压片等过程。参看实验三)。

或将膨大的根尖放入盛有醋酸洋红(5 mL)的小试管中烧沸。稍离火,再烧沸,重复7~8次,即可做压片。

(3) 观察中期细胞的染色体数目、形态,与二倍体细胞分裂相进行比较和统计(图4.1)。

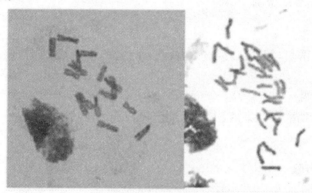

图 4.1 洋葱根尖细胞中期分裂相(左,$2n$;右,$4n$)

图 4.2 大蒜根尖细胞中期分裂相(左,$2n=16$;右,$4n$)

六、注意事项

(1) 秋水仙素的处理时间应根据所提供的实验材料的细胞周期而定,当处理时间介于供试材料细胞周期的一倍到两倍之间时,可观察到细胞由二倍体变为四倍体；当处理时间为供试材料细胞周期的两倍以上时,供试材料的细胞可从四倍体变为八倍体,因此,在培养多倍体细胞时,应注意秋水仙素的处理时间。此外,秋水仙素的浓度对细胞分裂相也有影响,应注意掌握。

（2）秋水仙素为剧毒药品,实验中应注意不要将药品沾到皮肤上或眼中。如果沾到皮肤上,应用大量自来水冲洗。

七、作业

（1）简述秋水仙素诱导多倍体的原理。

（2）简述秋水仙素的处理时间与加倍效果的关系。

（3）设计实验以确定不同实验材料(蚕豆、洋葱等)的分裂高峰期时间特点。

（4）绘制四倍体及二倍体细胞分裂中期图像。

八、参考图

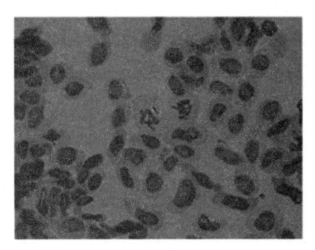

图 4.3　大蒜根尖细胞染色体分裂相

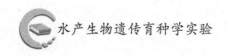

实验五 人类细胞 Barr 氏小体的观察

一、实验目的

（1）通过实验初步掌握观察与鉴别人类细胞中 Barr 氏小体的简易方法。

（2）掌握识别 Barr 氏小体的形成特征及所在部位。

（3）鉴定个体的性别，为进一步研究人体染色体畸变与疾病的关系提供基础方法，为遗传病临床诊断提供参考。

二、实验原理

1949 年 Barr 等发现，在雌猫的神经细胞核内有一个凝缩的深染小体，而雄性细胞中则没有。后来了解，在雌体细胞中的两条 X 染色体在间期时有一条（或这条的大部分）处于凝集而不活动状态，从而形成了这种 X 染色质（或称性染色质巴氏（Barr）小体）。进一步研究发现，所有哺乳类雌体细胞中都有一条这种表现的 X 染色体；在个别的雌或雄体中，有多于两条 X 染色体时，在间期细胞内除一条外，其余都形成 X 染色质体（Barr 氏小体）。

人类正常的男、女体细胞中，分别有 XY 和 XX 性染色体，女性的两条 X 染色体中，在间期时也有一条不表现活性而保持凝缩状态，因此易于用适当的染料加以显示，成为便于观察的性染色质体。

三、实验材料

人的口腔颊部黏膜细胞，毛发。

四、实验用具和试剂

1. 仪器用具

显微镜，乙醇灯，载玻片，盖玻片，牙签，吸水纸。

2. 药品试剂

95％乙醇，5％醋酸，1％乳酸醋酸地衣红或醋酸洋红染液。

3. 试剂制备

1％乳酸醋酸地衣红制备方法：

(1) 先制取 2% 醋酸地衣红：取 45 mL 冰醋酸置于 250 mL 的三角瓶中，瓶口加一棉塞，在乙醇灯上加热至微沸，缓慢加入 2 g 地衣红使其溶解，待冷却后加入 55 mL 蒸馏水，振荡 5～10 min，过滤到棕色试剂瓶中备用。或在三角瓶中加入 100 mL 45% 的冰醋酸，在乙醇灯上加热至沸，慢慢溶入 2 g 地衣红，继续回流煮沸 1 h 后过滤备用（此溶液为 2% 醋酸地衣红）。

(2) 1% 乳酸醋酸地衣红：临用前，取等量的 2% 醋酸地衣红与 70% 乳酸液混合，过滤后使用。

五、实验步骤

1. 口腔颊部黏膜细胞的观察

让受检者用水漱口数次，尽可能除去细菌及杂物，然后用清洁灭菌的牙签或适当的刮片，从女性口腔两侧颊部刮取上皮黏膜细胞。在原位刮取 2～3 次，第一次的刮取物弃去，将第二次、第三次的刮取物分别涂抹在干净载玻片上。涂抹范围为 1～2 张盖片大小，待稍干后，滴加 1～2 滴醋酸洋红或乳酸醋酸地衣红染液，在室温下染色 20～30 min，染色过程中注意不要让染液干燥，然后加盖玻片复以吸水纸，用手轻度加压后进行镜检。

2. 根部细胞的观察

拔取一根带有毛根的头发，自基部截取 2 cm 左右置载玻片上，在毛根部加一滴地衣红染液，片刻后再加一滴 50% 的醋酸（或只加 50% 的醋酸），低倍镜下观察，待毛根鞘软化后拔去毛干，重新加一滴染液，覆以盖玻片，在乙醇灯下轻微加热后，静置 6 min，盖一片吸水纸用手指轻度加压后镜检。

3. Barr 氏小体的辨认

低倍镜下观察典型的可数细胞，其标准是：核质呈网状或细颗粒状分布。核膜清晰，核无缺损，染色适度，周围无杂菌。选定后的细胞，在高倍镜或油镜下进一步观察。

Barr 氏小体的形态表现为一结构致密的染色小体，轮廓清楚，直径 1 μm 左右，常附着于核膜边缘或靠近内侧，其形状有微凸形、三角形、卵形、短棒形（图 5.1）。正常女性口腔黏膜细胞中 Barr 氏小体为 30%～50%（图 5.2），在不同实验中计数的差别较大，而在男性中偶尔可见不典型者。

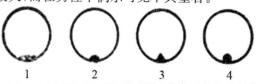

1　　　　2　　　　3　　　　4

图 5.1　Barr 氏小体形状

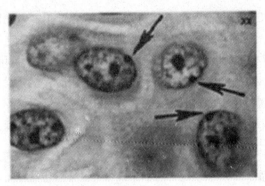

图 5.2　人口腔 Barr 氏小体

六、作业及思考题

(1) 观察女性 50 个可数细胞,同时观察男性 50 个可数细胞作为对照,分别计算出含 Barr 氏小体细胞的百分比。

(2) 观察并选绘 4～5 个典型细胞,并标注出 Barr 氏小体的形态部位。

(3) 按照"补偿"理论解释 XO 性染色体异常与 XX 性染色体正常个体之间的表型差异。

实验六　果蝇的形态、生活史、培养及杂交方法

一、实验目的

(1) 通过本实验,了解果蝇的形态和生活史。
(2) 掌握果蝇的培养及杂交方法。

二、实验材料

黑腹果蝇(*Drosophila melanogaster*)的各品系。

三、实验用具和试剂

显微镜,解剖镜,放大镜,麻醉瓶,白瓷板,毛笔,镊子,乙醚。

四、果蝇的形态和生活史

果蝇属于昆虫纲、双翅目、果蝇属。具有完全变态。因为它容易培养,生活史短,繁殖率高,品系多,所以被广泛地用来验证遗传学基本规律和进行遗传学研究。

果蝇分为头、胸、腹三部分,头部有触角、复眼等,胸部有胸足、翅膀和刚毛等,腹部有条纹和色斑等。

果蝇的生活史与温度有密切的关系。30℃以上造成果蝇不育或死亡。10℃以下使生活史延长,生活力降低。果蝇的最适生长温度为20℃～25℃(表6.1)。

表 6.1　果蝇生活周期与温度的关系

温度 生活周期	10℃	15℃	20℃	25℃
卵→幼虫 幼虫→成虫	57 d	20 d	8 d 7 d	5 d 4 d

与一般昆虫一样,果蝇的生活史也分为卵、幼虫、蛹和成虫阶段。在 25℃ 的条件下,果蝇从卵到成虫为 9~10 d(图 6.1)。

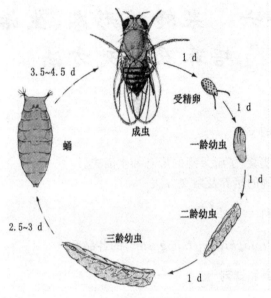

图 6.1　果蝇的生活史

五、果蝇的培养

1. 培养基的配制

人们经常在水果摊和果园里看到大量的果蝇,就错误地认为果蝇是以水果为食的;其实果蝇吃的是生长在水果上的酵母菌。因此,凡是能够发酵的基质,均可以作为果蝇的培养基,常用的有玉米培养基、香蕉培养基、米粉培养基等,配方见附录 2。

采用下列玉米培养基,效果良好:琼脂粉 1.5 g,白糖 13 g,玉米面 17 g,水 150 mL。具体配制方法:取 75 mL 水,加入琼脂粉和白糖,搅拌均匀,放在电炉上边搅拌(防糊底)边加热使琼脂粉熔化,将玉米面溶于另 75 mL 水中,调匀,待琼脂粉完全熔化(此时溶液变澄清)后,将调好的玉米面边搅拌边倒入琼脂溶液中,不断搅拌,煮沸数分钟,加入 1 mL 丙酸,准备分装。

2. 分装

趁热将玉米培养基倒入已消毒的培养瓶中,厚度为 2~3 cm,注意勿将培养基粘在瓶口处。待冷却后,用乙醇棉球擦去瓶壁上的水珠,撒上少量酵母粉,并插一三角形纸签(其功能一为吸水,二为提供幼虫化蛹时所需的干燥场所),最后塞上消毒的棉塞,即可用来培养果蝇。

六、果蝇杂交的方法

1. 麻醉取种

在用不同品系的果蝇进行杂交实验时,需要进行麻醉取种,麻醉瓶选用与培养瓶口径相同的小瓶。麻醉瓶的瓶塞用棉塞,在棉塞上滴几滴乙醚用来麻醉果蝇,具体操作如下:

（1）将培养瓶在手上轻敲一下,使果蝇落入瓶底。

（2）迅速拔取培养瓶塞,同时迅速扣上麻醉瓶。

（3）将培养瓶和麻醉瓶倒转过来,使麻醉瓶在下面,并用手在果蝇背侧方向轻拍培养瓶壁,使果蝇落入麻醉瓶中。

（4）迅速拿掉培养瓶,并塞上内侧滴有乙醚的麻醉瓶的瓶塞,边转动边观察,等果蝇从瓶壁上掉落后,将果蝇倒在白瓷板上。

如果要进行二代分析,可将果蝇深度麻醉,甚至麻醉至死亡。果蝇死亡的象征是翅膀翘起来。

2. 雌雄鉴别

幼虫期:雄体后端1/3处可见发亮的圆球体(精巢),雌体无此圆球体,但幼虫期间雌、雄一般不易区分。

成虫期(详见表6.2):

表 6.2　果蝇成虫雌雄个体的主要特征

性别 形态特征	雌蝇（♀）	雄蝇（♂）
体型	较大	较小
腹部末端	稍尖,无黑斑	钝圆,有黑斑
背部条纹	5条	3条,最后一条宽且延伸至腹面,呈明显黑斑
腹片数	6片	4片
性梳	无	有,位于前腿跗节上
外生殖器	外观简单,低倍镜下明显看到阴道板和肛上板	外观复杂,低倍镜下明显看到生殖弧,肛上板及阴茎(刚孵出的幼蝇更清楚)

（1）雄体体型较小;雌体体型较大(图6.2)。

（2）雄体第一对足的跗节基部表面有一排黑色的鬃毛,叫做性梳;雌性则无(图6.3)。

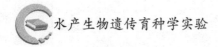

（3）雄体腹部背面有 3 条黑色条纹，前两条细，后一条宽而延至腹面，成一明显的黑斑；雌体腹部背面有 5 条黑色条纹。

3. 杂交

在培养瓶中放入所需要的亲体 3 对，使其交配繁殖，在培养瓶上贴上标签，注明交配组合的名称，实验者姓名和日期，然后置于 25℃培养箱中培养。

在杂交实验中要注意下列三点：

（1）雌体亲本必须是处女蝇。雌体有储精囊，可保留交配所得的大量精子，几乎够一个雌蝇用一生，所以杂交实验必须选用处女蝇，以保证雌蝇与所用雄蝇亲体交配。雌蝇孵化后 10 h 内不会交配，要在孵化后 8 h 内收集处女蝇。

（2）子蝇开始孵化以前（即杂交后一星期内），需倒出亲体，以免和子代混交。

（3）子代计数要在杂交后 20 d 内进行，避免子二代与子一代混杂。

七、作业

练习麻醉果蝇方法。

观察比较雌、雄果蝇成体的外形、背腹面，并用显微镜观察第一对足的形态及其区别。

观察几种果蝇品系的外部性状，包括体色、翅形、眼形和眼色、刚毛等（参考图 6.4；图 6.5）。

八、参考图谱

a   b

a 雄蝇   b 雌蝇

图 6.2 果蝇雌雄外形判别（残翅品系果蝇）

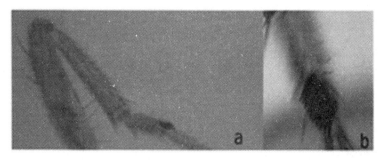

图 6.3　雄果蝇的性梳(位于第一对足的跗节基部)

图 6.4　果蝇各品系的翅形(左,长翅;中,小翅;右,残翅)

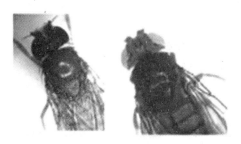

图 6.5　果蝇各品系的刚毛

实验七 果蝇的伴性遗传实验

一、实验目的

（1）掌握实验果蝇的杂交技术，并学会记录交配结果和掌握统计处理方法。
（2）正确认识伴性遗传的正、反交差别，掌握伴性遗传的特点。

二、实验原理

果蝇的红眼与白眼是一对由性染色体上的基因控制的相对性状。用红眼雌果蝇与白眼雄果蝇交配，F_1 代雌、雄均为红眼果蝇，F_1 代相互交配，F_2 代则雌性均为红眼，雄性红眼：白眼＝1：1；相反用白眼雌果蝇与红眼雄果蝇交配，F_1 代雌性均为红眼，雄性都是白眼，F_1 相互交配得 F_2 代，雌蝇红眼与白眼比例为 1：1，雄蝇红眼与白眼比例亦为 1：1。由此可见位于性染色体上的基因，与性别有关系。

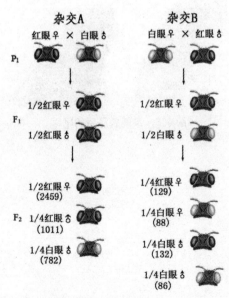

图 7.1 果蝇正、反交示意图（引自 Klug 等，2007）

三、实验材料

黑腹果蝇品系:野生型(红眼),wild type(＋);突变型(白眼),white eye (w),此基因在 X 染色体上。

四、实验用具和试剂

1. 仪器用具

麻醉瓶,白瓷板,海绵,解剖镜,毛笔,镊子,培养瓶,大试管。

2. 药品试剂

乙醚,玉米粉,琼脂,蔗糖,酵母粉,丙酸液。

五、实验步骤

1. 果蝇饲养

在选择实验材料时,所需要的性状要位于性染色体上。已知红眼和白眼是 X 染色体上的一对基因,首先要分别饲养这两个品系的果蝇,待饲养瓶中有幼虫和蛹出现时,便将成蝇移去,并加以处理。

2. 选择亲本

从刚羽化出的果蝇中分别选择红眼雌蝇和白眼雌蝇,为了保证雌果蝇是处女蝇,在选择的时候,羽化的果蝇同样不能超过 8 h。

3. 果蝇正、反交实验

伴性遗传杂交时,一定要同时做正交和反交遗传实验,因为决定性状的基因在性染色体上,正、反交的结果会出现性状和性别的差异。把选好的红眼、白眼雌蝇分别放入培养瓶中,再按实验的要求在红眼雌蝇瓶中放进白眼雄蝇,相反,在白眼雌蝇瓶中放进红眼雄蝇。果蝇全部放好以后,要在杂交瓶上贴上标签,标明实验题目、杂交组合、杂交日期、实验者姓名。把培养瓶放在果蝇生活的最适温度(23℃)条件下饲养。

(1) 正交:红眼(♀) × 白眼(♂)。

(2) 反交:白眼(♀) × 红眼(♂)。

4. 去亲本

果蝇饲养 7 d 以后,培养瓶中出现了幼虫和蛹,这时可以将亲本移出,以防止亲本与 F1 果蝇混杂,影响实验效果。

5. F_1 代性状观察

再经过数天观察之后,培养瓶中出现了 F_1 代果蝇,仔细观察 F_1 代果蝇性状,发现正交、反交结果不同。

正交实验 F₁ 代果蝇数量统计结果

统计日期 ＼ 观察结果	各类果蝇的数量			
	红眼(♀)	红眼(♂)	白眼(♀)	白眼(♂)
合计				

反交实验 F₁ 代果蝇数量统计结果

统计日期 ＼ 观察结果	各类果蝇的数量			
	红眼(♀)	红眼(♂)	白眼(♀)	白眼(♂)
合计				

6. F₁ 代自交

把正交得到的 F₁ 代果蝇转入一个新培养瓶中进行相互交配,把反交得到的 F1 代果蝇转入另一个新培养瓶中进行互交(无须挑选处女蝇)。

7. 去亲本

经过 7～8 d 的培养,在新的培养瓶里又出现了幼虫和蛹,这时把瓶里成蝇转移出去,并处理掉,防止与 F₁ 果蝇杂交。

8. F₂ 代结果统计

(1) 正交 F₁ 代自交结果统计:

统计日期 ＼ 观察结果	各类果蝇的数量			
	红眼(♀)	红眼(♂)	白眼(♀)	白眼(♂)
合计				

（2）反交 F_1 代自交结果统计：

统计日期　＼　观察结果	各类果蝇的数量			
	红眼（♀）	红眼（♂）	白眼（♀）	白眼（♂）
合计				

六、数据统计

将以上所得结果整理后填入下表进行数据统计(适合与 F_1 和 F_2 数据)。

观察结果	各类果蝇的数量			
	红眼♂（+）	红眼♀（+）	白眼♂（w）	白眼♀（w）
实验观察值(O)				
预期值(3∶1)(E)				
偏差(O—E)				
$(O-E)^2/E$				

七、χ^2 检验

自由度＝$n-1$

$\chi^2 = \sum$（观察值—理论值）^{2}/理论值

通过查表得知,χ^2 值,概率 P 所在范围,说明果蝇的红眼/白眼这一对性状是否位于性染色体上的,且它们的子二代分离比接近 $1∶1∶1∶1$。

八、关键步骤与注意事项

（1）注意处女蝇选取时间和雌雄区别。

（2）亲本要去干净。

（3）自交要用新制培养瓶。

（4）统计数与理论数不符时要找出原因。

（5）本实验持续五周完成。

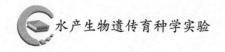

九、作业

（1）对正、反交结果作统计分析，并做 χ^2 检验。

（2）总结伴性遗传的特点。

（3）假设控制红、白眼色的基因位于常染色体上，那么，正反交的结果又将如何呢？

十、思考题

（1）在伴性遗传过程中，为什么无论是 F_1 代还是 F_2 代正、反交结果都不相同？

（2）Y 型性别决定的生物在传种接代过程中，X、Y 性染色体在亲子代之间的传递特点是什么？

（3）如何从亲子代的不同性状来鉴别伴性遗传与非伴性遗传现象？

（4）通过怎样的婚配方式来鉴别某一个基因在 X 性染色体上，而非其他染色体上？

实验八　果蝇的自由组合实验

一、实验目的

通过两对相对性状个体杂交,观察 F_2 的分离现象及其比例,了解两对非等位基因间的自由组合规律。

二、实验材料及原理

乌身(ebnoy body)长翅果蝇($eeVgVg$),灰身残翅(vestigial)wing 果蝇($EEvgvg$)。

残翅基因(vg)在第二对染色体上,乌身基因在第三对染色体上,不同染色体上的非等位基因,使它们在遗传上表现自由组合规律。

P　　　　　　　　$eeVgVg \times EEvgvg$

　　　　　　　　　　　　↓

F_1　　　　　　　　　$EeVgvg$

　　　　　　　　　　　　↓

F_2　　　　　　　$E—Vg—$,$E—vgvg$,$eeVg—$,$eevgvg$

　　　　　　　　　　9：　　　3：　　　3：　　　1

三、实验用具和试剂

1. 仪器用具

麻醉瓶,白瓷板,海绵,解剖镜,毛笔,镊子,培养瓶,大试管。

2. 药品试剂

乙醚,玉米粉,琼脂,蔗糖,酵母粉,丙酸。

四、实验步骤

(1) 挑选 3 对灰身残翅处女蝇和乌身长翅雄蝇进行杂交(或进行反交)。

(2) 一星期后倒出亲本果蝇,并观察核对亲本性质。

(3) 待 F_1 孵化出来后,观察其性状并选取 3～5 对 F_1 果蝇进行自交。

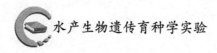

（4）一星期后倒出 F_1 果蝇。

（5）待 F_2 成虫出现后，观察其 4 种类型，并把统计结果填入下表中，然后用 χ^2 法求出几率。

子代	灰身长翅	灰身残翅	乌身长翅	乌身残翅
F_1				
F_2				

实验九　果蝇的三点测交与遗传作图

一、实验目的

（1）掌握实验果蝇的杂交技术，并学会记录交配结果和掌握统计处理方法。

（2）掌握绘制遗传学图的原理和方法，进一步加深对重组值、遗传学图、双交换值、并发率和干涉等概念的理解。

二、实验原理

基因图距是通过重组值的测定而得到的。如果基因座位相距很近，重组率与交换率的值相等，可以根据重组率的大小作为有关基因间的相对距离，把基因顺序地排列在染色体上，绘制出基因图。如果基因间相距较远，两个基因间往往发生两次以上的交换，这时如果简单地把重组率看做交换率，那么交换率就要低估了，图距自然也随之缩小了。这时需要利用实验数据进行校正，以便正确估计图距。根据这个道理，可以确定一系列基因在染色体上的相对位置。例如，a、b、c 三个基因是连锁的，要测定三个基因的相对位置可以用野生型果蝇（＋＋＋，表示三个野生型基因）与三隐性果蝇（a，b，c 三个突变隐性基因）杂交，制成三因子杂种 abc／＋＋＋，再把雌性杂种与三隐性个体测交，由于基因间的交换，从而在下代中得到 8 种不同表型的果蝇。这样经过数据处理，一次实验就可以测出三个连锁基因的距离和顺序，这种方法，叫做三点测交或三点实验。

三、实验材料

黑腹果蝇品系：

野生型果蝇（＋＋＋）长翅、直刚毛、红眼，三隐性果蝇（msn^3w）小翅、卷刚毛、白眼。

四、实验用具和试剂

1. 仪器用具

解剖镜，麻醉瓶，海绵，毛笔，镊子，吸水纸，培养瓶。

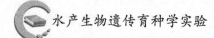

2. 药品试剂

乙醚。

五、实验说明

1. 性状特征

三隐性果蝇（msn^3w）（如左图所示）个体的翅比野生型的翅短些，翅仅长至腹端，称小翅（m），刚毛是卷曲的，称焦刚毛（sn^3）或卷刚毛，眼睛是白色（w）。这三个基因都在 X 染色体上。

2. 交配方式

把三隐性雌蝇与野生型雄蝇杂交，所得子一代的雌蝇是三因子杂种 $\frac{msn^3w}{+++}$，雄蝇是 $\underrightarrow{\ msn^3w\ }$（横线表示一条 X 染色体，带箭头横线表示一条 Y 染色体）。子一代雌、雄果蝇相互交配得测交后代（如图 9.1 所示）。

子一代的雌蝇表型是野生型，雄蝇是三隐性。得到的测交后代中多数个体与原来亲本相同。同时也会出现少量与亲本不同的个体，称重组型。重组型是基因间发生交换的结果（如图 9.2 所示）。

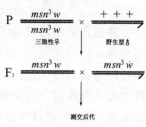

图 9.1　测交示意图

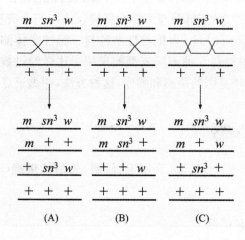

（A）交换发生在 $m-sn^3$ 间，（B）发生在 sn^3-w 间，（C）同时发生在 $m-sn^3$ 间和 sn^3-w 间。

图 9.2　重组示意图

子一代雌蝇是三因子杂合体，可形成 8 种配子，而子一代雄蝇是三隐性个体，所以子一代雌、雄蝇相互交配时，子二代可得到 8 种表型。根据 8 种表型的相对频率，可以计算重组值，并确定基因排列顺序。

3. 图距和重组值的关系

图距表示基因间的相对距离，通常是由两个邻近的基因图距相加得到的。重组值表示基因间的交换频率，所以图距往往并不同于重组值。图距可以超过 50%，重组值只会逐渐接近而不会超过 50%，只有基因相距较近时，图距才和重组值相等。

六、实验步骤

（1）收集三隐性个体的处女蝇，培养在培养瓶中，每瓶 5～6 只。

（2）杂交：挑出野生型雄蝇放到处女蝇瓶中去杂交，每瓶 5～6 只。

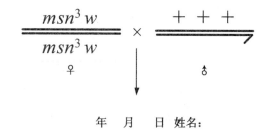

年 月 日 姓名：

（3）贴好标签（如上图所示），在 25℃ 下培养。

（4）7 d 以后，出现蛹。倒去亲本。

（5）再过 4 d 后，蛹孵化出子一代（F_1）成蝇，可以观察到 F_1 雌蝇全部是野生型表型，雄蝇都是三隐性。

（6）从 F_1 代中选 20～30 对果蝇，放到新的培养瓶中继续杂交。每瓶 5～6 对。

（7）7 d 后，蛹出现，倒去亲本。

（8）再过 4 d 后，蛹孵化出子二代（F_2）成蝇，开始观察。

（9）把 F_2 果蝇倒出麻醉，放在白瓷板上，用实体显微镜检查眼色、翅形、刚毛。各类果蝇分别计数。检查过的果蝇倒掉。过 2 d 后再检查第二批，连续检查 8～10 d，即 3～4 次。在 25℃ 下，自第一批果蝇孵化出 10 d 内是可靠的，再迟时 F_3 代可能会出现。要求至少统计 250 只果蝇。

七、实验结果

按下列顺序填表和计算（所列数字举例说明）

(1) 先写出所得到的 F_2 代 8 种表型，填上观察数，计算总数。

表现型	基因型	数目	交换区间		
			$m-sn^3$(A)	$w-sn^3$(B)	$m-w$(C)
红眼直刚毛长翅					
白眼卷刚毛小翅					
红眼卷刚毛小翅					
白眼直刚毛长翅					
红眼直刚毛小翅					
白眼卷刚毛长翅					
红眼卷刚毛长翅					
白眼直刚毛小翅					
合计(T)					
重组值(％)					

(2) 填写"基因是否重组一栏"。因为测交亲本是三隐性，所以若基因间有交换，便可在表型上显示出来。因而从测交后代的表型便可推知某两个基因是否重组。

(3) 计算基因间的重组值：

$m-sn^3$ 间的重组值－A/T×100％

$m-w$ 间的重组值＝B/T×100％

$w-sn^3$ 间的重组值＝C/T×100％

(4) 绘制连锁图谱：

$m-w$ 间重组值小于 $m-sn^3$ 间和 sn^3-w 间重组值之和，分析原因。

(5) 计算双交换值：

$m-w$ 间重组值小于 $m-sn^3$ 间与 $w-sn^3$ 间重组值之和，是因为两个相距较远的基因发生了双交换的结果。而这种发生了双交换的果蝇在基因顺序尚未揭晓时，也就是说，当遗传学图还没有画出时，是难以确定的。遗传学图画出以后，可以分析出 $m-w$ 间发生双交换能产生两种表型的果蝇：$m+w$（小翅、直刚毛、白眼）和 $+sn^3+$（长翅、卷刚毛、红眼）。在计算 $m-w$ 间重组值时，这两种果蝇数值没有被计算进去。两个相距较远的基因的重组值被低估了。因为是双交换，所以应乘以 2，得到的值为校正值。画出图距。

（6）计算并发率和干涉：

如果两个基因间的单交换并不影响邻近两个基因的单交换，那么预期的双交换频率应等于两个单交换频率的乘积。但实际上观察到的双交换频率往往低于预期值。因为每发生一次单交换，它邻近也发生一次交换的机会就减少一些，这叫做干涉。一般用并发率来表示干涉的大小。

$$并发率 = \frac{观察到的双交换频率}{两个单交换频率的乘积}$$

干涉＝1－并发率

八、作业

（1）分别以个人、小组、大组为单位整理数据，计算重组值、并发率，作连锁图。

（2）分析总结影响实验结果的因素。

说明：本实验持续五周完成。

实验十　果蝇的唾腺染色体

一、实验目的

（1）学习剖离果蝇幼虫唾腺和压制唾腺染色体标本的方法。

（2）观察唾腺细胞的巨大染色体。

二、实验原理

20世纪初，Kostoff用压片法首先在 *Drosophila melanogaster* 果蝇幼虫的唾腺细胞核中发现了特别巨大的染色体——唾腺染色体（salivary gland chromosome）。事实上，双翅目昆虫（如摇蚊、果蝇等）的幼虫都具有很大的唾腺细胞，其中的染色体就是巨大的唾腺染色体。这些巨大的唾腺染色体具有许多重要特征，为遗传学研究的许多方面，如染色体结构、化学组成、基因差别表达等提供了独特的研究材料。

双翅目昆虫的整个消化道细胞发育到一定阶段之后就不再进行丝分裂，而停止在分裂间期。但随着幼虫整体器官以及这些细胞本身体积的增大，细胞核中的染色体，尤其是唾腺染色体仍不断地进行自我复制而不分开，经过许多次的复制形成 1000～4000 拷贝的染色体丝，合起来达 5 μm 宽，400 μm 长，比普通中期相染色体大得多（100～150 倍），所以又称为多线染色体（polytene chromosome）和巨大染色体（giant chromosome）。

唾腺染色体形成的最初，其同源染色体即处于紧密配对状态，这种状态称为"体细胞联会"。在以后不断的复制中仍不分开，由此成千上万条核蛋白纤维丝合在一起，紧密盘绕，所以配对的染色体只呈现单倍数。黑腹果蝇的染色体数为 $2n=2×4$，其中第Ⅱ、第Ⅲ染色体为中部着丝粒染色体，第Ⅳ和第Ⅰ（X染色体）染色体为端着丝粒染色体（图 10.1）。而唾腺染色体形成时，染色体着丝粒和近着丝粒的异染色质区聚在一起成一染色中心（chromocenter），所以在光学显微镜下可见从染色体中心处伸出 6 条配对的染色体臂，其中 5 条为长臂，1 条为紧靠染色中心的很短的臂。

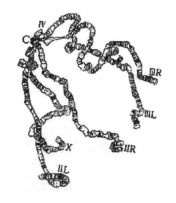

图 10.1 果蝇唾腺染色体模式图

由于唾腺细胞在果蝇幼虫时期一直处于细胞分裂的间期状态,所以每条核蛋白纤维丝都处于伸展状态,因而不同于一般有丝分裂中期高度螺旋化的染色体。唾腺染色体经染色后,呈现深浅不同、疏密各异的横纹(band)。这些横纹的数目、位置、宽窄及排列顺序都具有种的特异性。不同染色体的横纹数量、形状和排列顺序是恒定的。利用这些特征不仅可以鉴定不同的染色体,还可以结合遗传实验结果进行基因定位。此外,体细胞同源染色体的配对有利于对染色体缺失、重复、倒位和易位等形态变异进行细胞学观察和研究。

三、实验材料

果蝇三龄幼虫。

四、实验用具和试剂

1. 仪器用具

显微镜,双目解剖镜,培养瓶,载玻片,盖玻片,镊子,解剖针,吸水纸,乙醇灯,火柴等。

2. 药品试剂

无水乙醇,冰醋酸,1%醋酸洋红,改良品红,生理盐水(0.7%NaCl),1 M盐酸,蒸馏水。

3. 培养基

玉米琼脂培养基。

五、实验步骤

1. 幼虫培养

置于 16℃～18℃下饲养,当幼虫爬上瓶壁准备化蛹前,即为三龄幼虫(图 10.2),此时虫体肥大,便于解剖,是制备唾腺染色体的最理想时期。

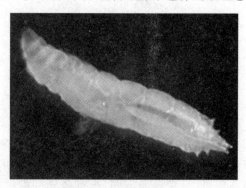

图 10.2　果蝇三龄幼虫

2. 腺体剖取

检查幼虫培养瓶,取一只肥大的三龄幼虫,置于载玻片上,先在盛有水的培养皿中清洗身上的污物,然后把幼虫放在干净的载玻片上,并滴 1 滴 0.7% 的生理盐水,在解剖镜下辨认头部和尾部(图 10.3)。首先熟悉幼虫结构,头部稍尖,并且有一黑点即口器不时地摆动。双手各持一个解剖针,在解剖镜下进行操作。果蝇的唾腺位于幼虫体前 1/3～1/4 处,用一解剖针压住头部,压点尽可能靠头部口器处即黑点的地方。因为幼虫会蠕动,这一步需先练习几遍。幼虫头部固定之后,再用另一解剖针压住虫体后端 1/3 的部位,固定幼虫(或用尖头镊子夹住)(图 10.4),平稳快速一拉,使口器部分断开,体内各器官也从切口挤出,一对唾腺随之而出。唾腺是一对透明而微白的长形小囊,呈香蕉状,仔细观察可发现由一个个较大的唾腺细胞组成。唾腺的侧面常常有一些沫状的脂肪体(不透明)附着,可用解剖针把唾腺周围的白色脂肪体剥离干净。如果唾腺被拉断或未被拉出,可用解剖针在头部或身体处把其挤压出来。

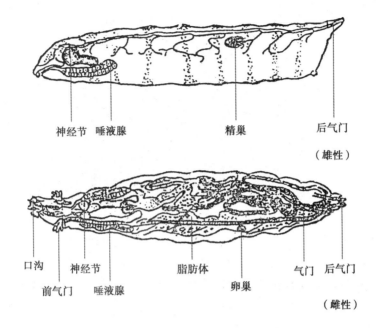

神经节 唾液腺 精巢 后气门

（雄性）

口沟 神经节 脂肪体 气门 后气门

前气门 唾液腺 卵巢

（雌性）

图 10.3 果蝇幼虫解剖图（仿 Demerec 和 Kaufman）

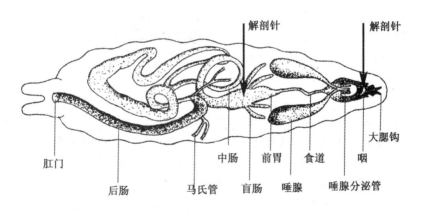

解剖针 解剖针

大腮钩

中肠 前胃 食道 咽

肛门 后肠 马氏管 盲肠 唾腺 唾腺分泌管

图 10.4 果蝇唾腺解剖部位（引王金法等，2008）

3. 解离

染色前先将头部、身体等部位其他杂质清理干净，用吸水纸小心吸去生理盐水（注意吸水纸应离唾腺远些，以免吸附唾腺（图 10.5）），向唾腺上加 1 滴 1 M HCl，浸 2～3 min，使组织疏松，以便压片时细胞分散，染色体散开。

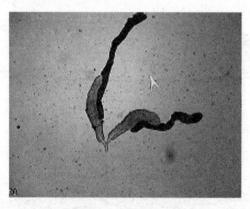

图 10.5　果蝇的唾腺

4. 染色

用吸水纸吸去盐酸,加 1 滴蒸馏水轻轻冲洗后吸干,加 2 滴醋酸洋红或改良品红染液,染色 5~20 min(此过程应保持腺体一直处于染液的浸泡中,如染液干了,要及时补充)。

5. 压片

换上新鲜染液或 45% 醋酸,盖上盖玻片,将载玻片放在较平的桌面上,然后用吸水纸包被玻片,吸干多余染色液,并用手指轻压盖玻片,再用铅笔的橡皮头或解剖针柄垂直轻敲,或进一步用拇指在盖玻片上适当用力压玻片(注意:不能让盖片滑动),唾腺染色体即被压展开来。

6. 观察

压好的玻片标本置显微镜低倍镜下找到分散好的标本,移至视野中心,然后转到高倍镜下观察。可以看到 4 对染色体,第一对染色体(XX 或 XY)组成一个长条,第二和第三对各自组成了具有左、右两臂的染色体对,它们都以中部的着丝区聚集,而第四对染色体很小,分布在着丝区呈点状或盘状。这样,从压好的较为模式的片子中便可看到 5 条弯曲展开的染色体臂(X、ⅡL、ⅡR、ⅢL、ⅢR)和一个点状的第四对染色体,它们在着丝区构成染色中心并向四周伸开。

对染色体分散、个体性清楚的片子,应仔细观察染色体的横纹数量、形状和排列顺序,以便对照模式照片辨认出不同的染色体臂(图 10.6)。

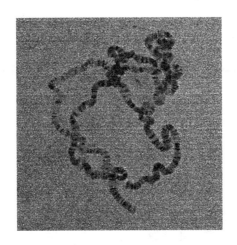

图 10.6 果蝇唾腺染色体

7. 永久片的制作

（1）使盖玻片向下放入盛有 45％醋酸＋95％乙醇(1∶1)的培养皿中。一端垫上一玻棒，使玻片稍为倾斜，过 5～10 min，可见盖玻片与载玻片分离。用镊子轻轻取出盖玻片于吸水纸上。

（2）有材料的一面向上，放入盛有 95％乙醇＋叔丁醇(1∶1)的培养皿中 3 min。

（3）换入纯叔丁醇中 3 min。

（4）用中性树胶封片。

六、作业及思考题

（1）绘制显微镜下所看到的果蝇唾腺巨染色体图，标明实际标本在观察中所能分辨的典型部位。

（2）每人制备 1 张染色体分散、横纹清晰的临时片。

（3）什么是染色中心(chromocenter)？

（4）根据所学的知识，说明联会(synapsis)应出现在什么类型的细胞中。

（5）利用巨大染色体可以进行哪些遗传学研究？

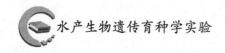

实验十一　着丝粒作图：粗糙链孢霉的分离和交换

一、实验目的

（1）学习粗糙链孢霉的培养方法和杂交技术。

（2）了解粗糙链孢霉的生活史。

（3）通过对链孢霉杂交产生的子囊孢子的统计分析，了解顺序四分体的遗传学分析方法，验证遗传学的基本规律，掌握有关基因的着丝粒距离的计算和作图。

二、实验原理

粗糙链孢霉（*Neurospore crassa*）属于真菌类，无性世代：通过菌丝有丝分裂发育成菌丝体，或由分生孢子发芽形成新菌丝体；有性世代：由两种生理类型（接合型）菌丝融合，或异型核结合形成二倍体合子。合子形成后立即进行减数分裂产生4个单倍体的核，称为四分孢子，然后四分孢子再经一次有丝分裂形成8个子囊孢子，并以4对"双生"，成线性排列在了囊中（图11.1）。

图11.1　散开的子囊孢子

三、实验材料

粗糙链孢霉的野生型菌株（Lys⁺）和赖氨酸缺陷型菌株（Lys⁻）。

四、实验用具和试剂

1. 仪器用具

培养箱，显微镜，镊子，解剖针，接种针，载玻片，试管，三角瓶，乙醇灯，滤纸，白布（10 cm×10 cm），灭菌锅。

2. 培养基和药品

基本培养基（又称土豆培养基，供接种野生型菌株），补充培养基（供接种赖氨酸缺陷型菌株），玉米琼脂培养基（供杂交实验用），5%次氯酸钠等。

五、实验方法与步骤

1. 菌种活化

为使菌种生活得更好，先要进行菌种的活化。从冰箱中取出保存的野生型和赖氨酸缺陷型的原种，把野生型接种在完全培养基，赖氨酸缺陷型接种在赖氨酸缺陷型培养基试管的斜面上，把接种好的试管放在28℃温箱培养5～6 d，直至在试管中长成许多菌丝，并且在菌丝上部有许多分生孢子时（表明菌种活化成功）。

2. 杂交

取野生型和Lys缺陷型的少许菌丝接种到同一试管的玉米琼脂培养基上，具体操作可采用下述两种方法。

（1）先接缺陷型，后接野生型，一次在杂交培养基上同时接种两亲本菌株的分生孢子或菌丝。然后在培养基上放入一灭菌的折叠滤纸，贴上标签，注明亲本及杂交日期。放入25℃温箱进行混合培养。5～7 d就能看到许多棕色原子囊果出现，随后逐渐发育成熟，变大变黑，14 d左右，就可在显微镜下观察。

（2）在杂交培养基上接种一个亲本菌株，25℃培养5～7 d即有原子囊果出现。同时准备好另一亲本菌株的分生孢子，用无菌水中配成近于白色的悬浊液，将此悬浊液加到形成子囊果的培养表面，使表面基本湿润即可（每支试管约加0.5 mL），继续在25℃下培养。原子囊果在加进分生孢子1 d后即可开始增大变黑成子囊果，7 d后即可成熟。

3. 观察

（1）在长有子囊果的试管中加少量无菌水，摇动片刻，把水倒在空三角瓶中，加热煮沸，以防止分生孢子飞扬。

（2）用接种针挑出子囊果放在白布上，用解剖针轻压子囊果，若有坚实感则说明此子囊果发育正常。用解剖针在白布上来回拨动子囊果以去掉子囊果上的菌丝或培养基。然后取一载玻片，滴1～2滴生理盐水，将干净的子囊果置于载玻片上，用另一载玻片盖上，用手指压片，将子囊果压破，置显微镜下（10×15倍）检查，即可见30～40个子囊果。观察子囊中子囊孢子的排列情况。用载玻片盖上压片而不用盖玻片，是因为子囊果很硬，若用盖玻片压，盖玻片就会破碎。如发现30～40个子囊果像一串香蕉一样，可加1滴水，用解剖针把子囊拨开。压片时最好一次一个子囊果，多了压不好。片子压好后，置于10倍物镜下观察，观察时要顺时针方向进行，自中心向外确定子囊类型，计数并作好记录。此过程无须无菌操作，但要注意不能使分生孢子散出。观察过的载玻片、用过的镊子和解剖针等物都需放入5％次氯酸钠中浸泡后取出洗净，以防止污染实验室。

六、实验结果及说明

赖氨酸缺陷型的子囊孢子成熟较迟，当野生型的子囊孢子已成熟变黑时，缺陷型的子囊孢子还呈灰色，因而我们能在显微镜下直接观察不同的子囊类型。如果观察时间选择不当就不能观察到好的结果。过早都未成熟，全为灰色；过迟都成熟了，全为黑色，都不能分清子囊类型。所以，最好在子囊果发育至成熟大小，子囊壳开始变黑时，每日取几个子囊果压片观察，到合适时间置于4℃～5℃冰箱，在3～4周内观察都行。

七、思考及作业

（1）绘出显微镜下观察到的完整子囊图。
（2）根据实验统计结果，计算粗糙链孢霉Lys基因与着丝粒的距离。（要求写出公式计算及计算过程）
（3）在计算着丝粒距离的公式中，1/2的含义是什么？
（4）用图表示"＋＋－－－－＋＋"这种子囊类型的形成。

八、参考图

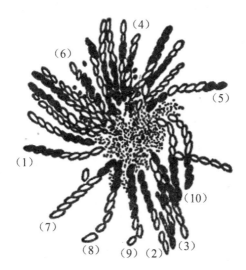

(1)、(2)为非交换型子囊；(3)、(4)、(5)、(6)为交换型子囊；
(7)、(8)、(9)、(10)是由转换造成的异常子囊

图 11.2　粗糙链孢霉子囊类型

第二部分
综合性实验

实验十二　海产贝类染色体核型分析

一、实验目的

(1) 掌握海产动物染色体制备方法。

(2) 了解海产生物染色体核型分析的过程和方法。

二、实验原理

全世界已知的软体动物生活种约 10.7 万(Hinegardner, 1974),分属 7 个纲、11 个亚纲、36 个目,其中瓣鳃纲(又称双壳类)约有 1.5 万种,海产的占 87%。我国四大海水养殖贝类(牡蛎、缢蛏、蛤仔、泥蚶)以及其他大多数有重大经济价值的贝类养殖品种(例如,海湾扇贝)都属于这一纲,可见,瓣鳃纲在我国水产养殖贝类中占有重要地位。因此,对软体动物染色体方面(例如,核型、带型)的研究,不仅可以探讨其在分类系统的地位和系统演化过程,从细胞遗传学以及更深一层的分子遗传学角度,解释物种所具有的生物学特征,而且对于我国重要经济种类,如太平洋牡蛎(表 12.1),在其遗传、变异以及育种等方面提供理论依据和实践指导。

关于软体动物的染色体,很早就有人研究,Lillie(1901)报道 *Elliptio complanata* 的染色体($n=16$);Jordan(1910),Morris(1917)报道过 *Cumingia tellinoides* 的染色体数($n=18, 2n=36$)。但直到 20 世纪 60 年代,仅仅有 150 种的染色体有所记载,染色体制备技术不完备是制约其发展的主要原因。60 年代以后,由于采用人类染色体分析的一系列新技术,贝类染色体研究进入了蓬勃发展的新阶段。原来的组织切片法(Jordan, 1910; Morris, 1917)因操作复杂,制片时间长,染色体易丢失或相互覆盖等不足而被淘汰,取而代之的是压片法和空气干燥法。研究方法的不断更新、改良,使染色体制片质量大大提高,同时,对染色体核型的研究,又提高了贝类染色体分析的精确度和可靠性。

目前,在已知染色体的种类中,瓣鳃纲的近 200 种,腹足纲的 700 多种,多板纲的近 20 种,掘足纲的 3 种,头足纲的近 10 种,而单板纲、无板纲的则鲜有报道,与贝类丰富的种群相比,还有很大差距。

染色体是遗传物质的主要载体,认识染色体的结构与功能,对研究遗传规律、变异机理及多倍体育种具有重要意义。分生组织是观察细胞核和染色体的好材料,通过药物处理易得到较好的细胞分裂相。在染色体的分析研究中,有关染色体标本的制备方法很多。目前,牡蛎染色体观察方法主要有成体鳃为材料的体细胞滴片法和以 4～8 细胞期胚胎为材料的压片法。

表 12.1 太平洋牡蛎 *Crassostrea gigas* 染色体数目及核型

种名	染色体数及核型				参考
	n	$2n$	$3n$	核型	
	10	20		20M NF＝40	Nadamitsu & Shinkawa (1973)
	10	20			Ieyama and Inada (1974)
	10	20		16M＋4SM NF＝40	Ahmed & Sparks (1967)
				CL:1.8～6.0	
	10	20			Menzel (1968a,b)
太平洋牡蛎		20		16M＋4SM NF＝40	Thiriot－Quievreux & Ayraud (1982)
Crassostrea gigas		20		14M＋6SM NF＝40	Thiriot－Quievreux(1984)
		20		20M NF＝40	许伟定(1992)
	10	20	30	20M NF＝40	郑小东等 (1999)
				TCL＝78.438	
				CL:2.722－5.150	

三、实验材料

太平洋牡蛎(*Crassostrea gigas*)的鳃组织,4～8 细胞期胚胎或幼虫。

四、实验用具和试剂

1. 仪器用具

显微镜,离心管(或培养皿),解剖刀,剪子,镊子,载玻片,盖玻片,吸管,烧杯,加热器,500 目筛绢,300 目筛绢,温度计,恒温水浴锅,染色缸等。

2. 药品试剂

秋水仙素,甲醇,冰醋酸,吉姆萨(Giemsa)染液,磷酸缓冲液(pH 值为 6.8～7),氯化钾,苏木精,铁明矾等。

五、实验方法和步骤

1. 滴片法

(1)取材:挑选活力强的太平洋牡蛎洗净外壳,活体解剖立即取鳃小片,用过滤海水迅速冲洗一下。

(2)秋水仙素处理(即预处理):由于在观察研究体细胞染色体的工作中,以有丝分裂中期的染色体最为合适,将鳃小片移入盛有用50%海水配制的秋水仙素的离心管中,处理30~45 min(水温8℃~15℃)。

(3)低渗:移入25%海水中(或0.075 M的KCl液)低渗30~45 min。

(4)固定:低渗结束后移入盛有卡诺氏固定液(甲醇:冰醋酸=3:1)试管内固定,固定液需要更换3~4次,每次时间为15 min。

(5)制片:

① 将干净载玻片放在恒温水浴锅上,恒温水浴锅表面温度控制在50℃±2℃预热。

② 细胞悬液的制备:将充分固定的鳃标本的试管内的固定液倒掉,加入45%~50%的冰醋酸轻轻摇,鳃细胞就解离下来,此时可见试管内溶液变得浑浊,细胞浓度应控制在50万~150万个/毫升。

③ 滴片:用干净的细管取上述解离液,离载玻片高度15~20 cm,每片载玻片可滴5~6滴,滴定后立即用细管将滴液吸净,自然干燥后备用。

④ 染色:将干燥后的载玻片置于PBS浸泡2 min后,放于盛有10%Giemsa染液的染色缸中,浸染20 min,染色结束后用自来水冲洗染片,干后在镜下进行观察。

(6)显微摄影:在光学显微镜下用油镜观察并选择分散好、形态好的中期染色体进行显微摄影,将照片放大。

(7)染色体核型分析:将放大照片上的一个细胞内的全部染色体,分别一条一条剪下,按照Levan(1964)划分标准编号排列。用胶水将染色体按顺序在贴在一张硬纸板上,计算它们的相对长度臂长着丝粒指数,得核型公式,并绘制核型模式图。

2. 压片法

(1)取卵:先把成熟的牡蛎外壳洗刷干净,活体解剖后,选择成熟的种贝,用滴管刺破性腺获取精、卵,先用300目筛绢过滤一次,再用500目筛绢洗去组织液,卵子最好用海水浸泡30 min。

(2)授精:把获得的好精、卵进行人工授精,在水温22℃~25℃条件下进行发育。

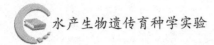

（3）秋水仙素处理：当胚胎发育至4细胞期～8细胞期时，立即用500目筛绢网浓缩出胚胎，放入用50％海水配制的0.05％的秋水仙素的离心管中进行处理。

（4）低渗：移入25％海水中（或0.075 M的KCl液）低渗30～45 min。

（5）固定：低渗结束后移入盛有卡诺氏固定液（甲醇：冰醋酸＝3∶1）内固定，固定液需要更换3～4次，每次时间15 min。

（6）压片：

① 滴片：将上述固定好的胚胎滴2滴到干净的载玻片上，自然干燥。

② 染色：将风干后的载玻片滴上铁矾苏木精液数滴，染色1～2 min，放上盖玻片在乙醇灯小火烤一下，立即准备压片。

③ 压片：用软纸折叠后先用铅笔轻轻敲打盖玻片几次，再用食指轻轻压紧一段时间，具体应根据经验而灵活掌握。总之，要达到染色体分散开，伸展开，不断裂和逸出细胞之外，便于镜检。

（7）封片：通过镜检合格的压片可作为永久制片，先用二甲苯透明10～20 min，再用光学树胶封固，在37℃的干燥箱中放置24 h。

（8）显微摄影：在光学显微镜下用油镜选择分散好、形态好的中期染色体进行显微摄影，并将照片放大。

表12.2　二倍体太平洋牡蛎染色体的核型统计

染色体编号 No. of Chromosome	相对长度（$X \pm S.D.$） Relative length	臂比（$X \pm S.D.$） Arm ratio	着丝粒指数（$X \pm S.D.$） Centromeric index	类型 Type
1				
2				
3				
4				
5				
6				
7				
8				
9				
10				

六、实验中需特别注意的事项

（1）载玻片必须清洗干净，否则效果不好或失败。

（2）染色时间以染色体深度着色为准，染色时间与染液质量、染液 pH 和材料处理好坏有关，应灵活掌握。如染色过浅可重复染；过染可用乙醇退色，水冲洗后，重染。

（3）秋水仙素的处理时间和浓度应灵活掌握，随温度不同而需要调整。

（4）Giemsa 染液受 pH 影响明显，pH 偏酸时胞质着色较深，pH 偏碱时核染得很红。为获得良好着色，用卡诺氏固定液固定的细胞最好放置过夜，或吹干，让冰醋酸充分挥发。否则，在此酸性条件下，细胞核不易着色，发白，而胞质深蓝色。

（5）PBS 缓冲液的配制：$(1/15)$ mol $\cdot$ L^{-1} NaHPO$_4$ 50 mL，$(1/15)$ mol $\cdot$ L^{-1} KH$_2$PO$_4$ 50 mL，pH$=6.81$。

（6）吉姆萨(Giemsa)染液配制：吉姆萨粉 0.5 g，甘油 33 mL，甲醇 33 mL。

（7）卡诺氏固定液现用先配。

七、作业

（1）制备太平洋牡蛎鳃和胚胎的染色体片子各 1～2 张。

（2）牡蛎染色体组型分析结果——数据统计、核型图以及核型模式图。

（3）如何获得清晰的染色体分裂相的片子？

八、参考图谱

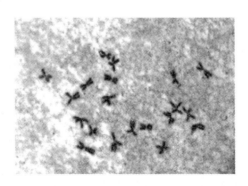

图 12.1 太平洋牡蛎 4～8 细胞期胚胎的中期细胞分裂相

图 12.2　二倍体太平洋牡蛎的核型图

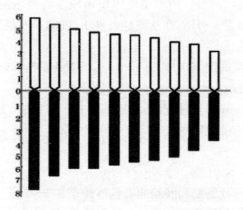

图 12.3　二倍体太平洋牡蛎的核型模式图

实验十三 牡蛎染色体带型分析

一、实验目的

(1) 掌握贝类染色体带型制备的方法。

(2) 了解海产生物染色体带型分析的过程。

二、实验原理

带型、核型以及染色体形态特征都代表种的特征,即在一般情况下,在一个种群的所有个体或在同一个体的所有体细胞中,它们基本上是一致而稳定的。这就为动物种群的分类研究和确定在进化过程中所处的位置提供了重要的标准。

生物细胞中的染色体是遗传物质(基因)的载体。各种生物都具有特定而稳定的染色体组型或核型(包括染色体数目、形状和大小等特征)。据不完全统计,迄今共有31种牡蛎的染色体数目有报道,其中知道核型的20种有核型记录(表13.1)。从表13.1中可清晰地看出牡蛎科种类其染色体大多数为20条,特别是巨蛎属(*Crassostrea*)种类染色体均为20条,其中又以中部着丝粒或亚中部着丝粒(m/sm)染色体居多,NF=40,未发现有异型和具随体的染色体。

表 13.1 已知的牡蛎科的种类染色体数目与核型

种类	2n	核型	作者
巨蛎属 *Crassostrea*			
C. amasa(Iredale)	20		Menzel,1968
C. angulata(Lamarck)	20		Menzel,1968
	20	10m	Thiriot-Quieveux,1984
C. belcheria(Sowerbu)	20	9m+1sm	Leitão et al,1999
	20	10m+sm	Ieyama and lnaba,1974
C. corteziensis(Hertlein)	20	7m+3sm	Rodriguez-Romero et al,1979
C. gasar	20	6m+4sm	Leitão et al,1999

（续表）

种类	2n	核型	作者
太平洋牡蛎 C. gigas（Thunberg）	20	8m+2sm	Ahmed and Sparks,1967
	20	10m	Thiriot-Quievreux,1984
	20	10m	郑小东等,1999
C. glomerata（Gould）	20		Ahmed,1973
C. gryphoides（Scholteim）	20		Ahmed,1973
C. iredalei（Faustino）	20		Menzel,1968
C. rhizophorae（Guilding）	20	5m+5sm	Rodriguez-Romero et al,1979b
	20	8m+2sm	Marquez,1992
近江牡蛎 C. rivularis Gould	20		Ahmed,1973
	20	10m	于剑贤等,1993
	20	10m+sm	Leyama,1975
	20	8m+2sm	Leitão et al, 1999
C. sikamea（Amemiya）	20		Ahmed,1973
	20	9m+1sm	Leitão et al, 1999
美洲牡蛎 C. virginica（Gmelin）	20	6m+4sm	Longwell et al,1967
	20	6m+4sm	Rodriguez-Romero et al,1978
	20	6m+4sm	Marquez,1992
	20	8m+2sm	Leitão et al, 1999
牡蛎属 Ostrea			
O. circumpicta	20		Ieyama and Inaba,1974
密鳞牡蛎 O. denselamellosa Lischke	20		Ieyama and Inaba,1974
	20	7m+3sm	Insua and Thiriot-Quievreux,1991
食用牡蛎 O. edulis Linnaeus	20	6m+2sm+2st	Thiriot-Quievreux,1984
O. equestris	20		Menzel, 1968
O. folium Linnaeus	20		Ahmed, 1973
O. glomerata Gould	20		Ahmed,1973
O. lurida Carpenter	20	7m+3sm	Ahmed and Sparks, 1967
O. puelchana	20	4m+5sm+1t	Insua and Thiriot-Quievreux, 1993

种类	2n	核型	作者
囊牡蛎属 *Saccostrea*			
S. commercialis(Iredale& Toughly)	20		Menzel,1968
	20	8m＋2sm	Leitão et al, 1999
S. cucullata(Born)	20	10m	Goswami,1992
S. echinata Quoy & Gaimard	20	10m＋sm	Leyama and lnaba, 1974
S. mordax Gould	20	10m＋sm	Leyama and lnaba, 1974
Dendostrea folium（Linnaeus）	18	5m＋2sm＋2t	Ieyama, 1990
Hyltissa imbricata（Lamarck）	20	7m＋3sm	Ieyama, 1990
Tiostrea chilensis（Philippi）	20	7m＋3sm	Ladrón De Guevara, 1994
Pycnodonta cochlear	18	6m＋2sm＋1st	Vituri et al, 1985

　　仅从染色体外部形态和内部结构很难将其区分开,因此,高分辨显带技术的应用就显得尤为重要。同时,带型分析对染色体鉴别、基因定位以及杂交育种、多倍体育种的可能性研究等方面都能提供重要的理论依据。带型研究又称高分辨显带技术,能显示染色体内部结构,提供更多的具鉴定性特征的信息。但是,高分辨显带技术在瓣鳃纲的应用,与鱼类、哺乳类相比,差距甚大。有关采用显带技术分析牡蛎科种类也并不多。G带型分析在美国牡蛎（Rodriguez-Romero et al, 1979；Leitão et al, 1999a）；太平洋牡蛎（郑小东等,1999；Leitão et al, 1999a）（图13）, *C. angulata, C. sikamea, C. ariakensis, C. gasar* 和 *S. commercialis* （Leitão et al, 1999a,b）报道过；C带型分析在密鳞牡蛎（Insua & Thiriot-Quievreux , 1991）和 *O. angasi*（Li 和 Havenhand,1997）研究过；Ag-Nor带在太平洋牡蛎（郑小东等,1999；Leitão et al, 1999b）（图13）, *C . angulata, C. sikamea, C. ariakensis, C . gasar* 和 *S. commercialis* （Leitão et al, 1999b）,密鳞牡蛎（Insua & Thiriot-Quievreux,1991）报道过。

　　G带、C带和Ag～NOR带能够用来鉴定牡蛎的染色体,在核型基础上提供更为丰富的染色体的标记信息和形态特征,为深入理解牡蛎的进化关系、物种差异、种群分类等给予了有益的帮助和指导。当然,带型技术在牡蛎染色体研究中还存在不尽如人意的地方,有些物种间差异不显著,主要有以下几方面的原因：① 采用成体组织细胞制备染色体,染色体易发生高度收缩而不能产生高分辨的带型;② 带型技术本身重复性低,稳定性较差,引起这种情况可能与对环境的高感度有关;③ 细胞同步性过低大大影响了制备良好染色体分裂相的几率,进而为显带操作带来困难。虽然细胞培养能获得发育同步的细胞系,可以得到较多具一致分裂期的分裂相,但在牡蛎中应用甚少。

三、实验材料

成熟的 2 龄太平洋牡蛎(*Crassostrea gigas*)。

四、实验用具和试剂

1. 仪器用具

显微镜,离心管(或培养皿),解剖刀,剪子,镊子,载玻片,盖玻片,吸管,烧杯,加热器,500 目筛绢,300 目筛绢,温度计,恒温水浴锅,染色缸等.

2. 药品试剂

秋水仙素,甲醇,冰醋酸,吉姆萨(Giemsa)染液,磷酸缓冲液(pH 值为 6.8~7),氯化钾,胰酶,硝酸银,明胶等。

五、实验方法和步骤

1. 染色体制备

(1) 取卵:先把成熟的牡蛎外壳洗刷干净,活体解剖后,选择成熟的种贝,用滴管刺破性腺获取精、卵,先用 300 目筛绢过滤一次,再用 500 目筛绢洗去组织液,卵子最好需海水浸泡 30 min。

(2) 授精:把获得的好精、卵进行人工授精,在水温 22℃~25℃条件下进行发育。

(3) 秋水仙素处理:当胚胎发育至 4~8 细胞期时,立即用 500 目筛绢网浓缩出胚胎,放入用 50%海水配制的 0.05%的秋水仙素的离心管中处理 30~40 min。

(4) 低渗:移入 25%海水中(或 0.075 M 的 KCl 液)低渗 30~45 min。

(5) 固定:低渗结束后移入盛有卡诺氏固定液(甲醇:冰醋酸=3:1)内固定,固定液需要更换 3~4 次,每次时间 15 min。

(6) 空气干燥法制片。

(7) 镜检:光学显微镜下选择具有分散好、形态完整的中期染色体的片子,用于带型分析。

2. 染色体显带

(1) G 带:胰酶法(余先觉,1989)。

程序如下:选择优良的染色体制片,片龄 3～5 天,将片子放入浓度为 0.025％的胰酶溶液中处理 1～2 min,立即甩掉片上的胰酶溶液,并用 37℃的 PBS(磷酸缓冲液,pH＝6.98)冲洗,晾干,然后用 5％的 Giemsa 染色 10～20 min,无离子水冲洗 1～2 min,晾干后镜检。

(2) 银染法:参照 Howell 和 Black 的快速银染法(余先觉,1989)。

程序如下:将 50％硝酸银溶液(事先过滤)与 2％明胶溶液 2:1 混合后,立即滴加到染色体制片上并覆以盖玻片,在 65℃的温箱内处理 10～20 min,待玻片呈棕黄色时取出,流水冲洗,晾干后镜检。若染色体着色不够,可用 2％Gi-emsa 复染 1～2 min 即可。

3. 带型分析

选择 10 个分裂中期的细胞,其染色体分散良好、带型清楚,进行显微摄影,放大,洗印成相片。结合形态,根据带型分清每一对同源染色体。使之配对并按长度、着丝点位置等指标排列起来,选择一张清晰而标准的相片,作成 G 带、Ag－Nor 带型核型图(图 13.1 右)。同时,根据相片分析和显微镜观察确定染色体带的数量、相对位置、颜色深浅宽窄等特征(表 13.2 和 13.3),测绘出它们的模式图(图 13.1 左)。

表 13.2 太平洋牡蛎各染色体 G 带分布

染色体编号 No. of Chromosome	深带 Black bands	灰带 Grey bands	白带 White bands	总计 Total
1				
2				
3				
4				
5				
6				
7				
8				
9				
10				
总计 Total				

表 13.2　太平洋牡蛎胚胎细胞染色体的 Ag － NORs 数量

项目 Item	Ag － NORs 数			
	1	2	3	4
细胞数 cell number				
百分比/ ‰ percentage				

六、作业

(1) 制备染色体带型片子各 2～3 张。

(2) 染色体带型结果分析——数据统计、核型图以及核型模式图。

(3) 实验过程的体会。

七、参考图谱

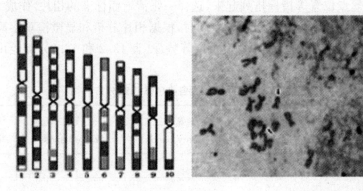

图 13.1　太平洋牡蛎 G 带(左)模式图和 Ag—Nor 带(右)的细胞分裂相

实验十四　贝类多倍体诱导和倍性检测

一、实验目的

(1) 掌握贝类物理诱导多倍体的原理、一般方法以及倍性检测方法。

(2) 初步了解贝类多倍体育种过程。

二、实验原理

多倍体诱导的方法主要分物理诱导、化学诱导和生物诱导三类。物理方法是在细胞分裂周期中施加物理处理影响和干预细胞的正常分裂,常用的物理方法有温度休克法(包括高温和低温休克法)和水静压法。

温度休克法的作用机制是通过温度的变化(高温或低温)引起细胞在短时间内酶构型的改变,不利于酶促反应的进行,导致细胞分裂时形成纺锤体所需的 ATP 的供应途径受阻,使得染色体失去移动的动力,从而抑制染色体向两极移动,形成多倍体细胞。所用的温度因种类不同而有所差异。温度休克法是诱导水生动物多倍体的常用手段,根据处理温度的高低分为冷休克(cold stock)和热休克(heat stock)。一般热休克采用 30℃～35℃的高温,冷休克采用 0℃～4℃的低温,处理持续时间 10～20 min。温度休克法诱导三倍体,操作简单,成本低廉,尤其是低温休克法对胚胎发育的影响较小,适合于大规模的生产。太平洋牡蛎的受精卵经 0℃～4℃的低温休克后,胚胎孵化率可高达 90%以上,稚贝的三倍体率达 80%以上。

三、实验材料

性成熟的牡蛎。

四、实验用具和试剂

1. 仪器用具

显微镜,离心管(或培养皿),解剖刀,剪子,镊子,吸管,恒温水浴锅,乙醇灯,载玻片,温度计,计时器,烧杯,搅拌器,筛绢等。

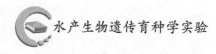

2. 药品试剂

秋水仙素,甲醇,冰醋酸,磷酸缓冲液(pH 6.8~7)。

五、实验步骤

(1) 先把成熟的牡蛎外壳洗刷干净,活体解剖,敲开贝壳检查、分选雌雄牡蛎。雌体的卵子呈分散颗粒状,分散快;而雄体的精子呈乳块状,不见颗粒,分散慢。

(2) 摘取生殖腺,剖取卵子,先用 300 目筛绢过滤一次,再用 500 目筛绢洗去组织液,卵子最好用海水浸泡 30 min。取精子授精;水温保持 23℃~25℃。

(3) 当受精卵发育至第一极体出现率达 50%时,放置在 0℃~4℃环境中处理 10~30 min。分别记录低温处理的起始时间和持续时间。

(4) 处理毕,用 23℃~25℃过滤海水冲洗卵子,并在此温度下培养,统计受精率及孵化率。

(5) 发育至 4~8 细胞期,进行三倍体率检查。采用胚胎压片法(同实验十二),计数每个胚胎细胞中期分裂相的染色体数,确定其倍性。

(6) 多倍体检测也可采用流式细胞仪,详见实验十六。

六、作业

(1) 记录各处理组低温处理的起始时间、持续时间。

(2) 记录各处理组胚胎的受精率、孵化率、多倍体率,完成下列表格。

(3) 分析低温诱导多倍体率高低的影响因素有哪些。

表 14.1　低温处理的起始时间、持续时间与胚胎的受精率、孵化率、多倍体率的关系

组别	处理温度/℃	持续时间/min	受精率/%	孵化率/%	检查胚胎个数	胚胎倍性					
						单倍体	二倍体	三倍体	四倍体	非整倍体	三倍体占检查总数/%
I											
II											

实验十五 水产动物同工酶检测

一、实验目的

（1）掌握水产动物同工酶实验技术。

（2）了解水生生物同工酶分析在遗传育种学研究的意义。

（3）掌握电泳分析和染色方法。

二、实验原理

同工酶（isoenzyme）是指催化的化学反应相同，酶蛋白的分子结构、理化性质乃至免疫学性质不同的一组酶。这类酶存在于生物的同一种属或同一个体的不同组织，甚至同一组织或细胞中。现已发现有数种同工酶。如6-磷酸葡萄糖脱氢酶、乳酸脱氢酶、酸性和碱性磷酸酶、肌酸磷酸激酶、核糖核酸酶、过氧化酶等，其中乳酸脱氢酶最为大家所熟悉。

同工酶技术是近年来发展起来的一项新技术。利用同工酶所带电荷的不同和分子大小形状的不同，在电场和凝胶中出现各同工酶组分的迁移率不同，通过电泳和组织化学方法进行特异性染色而把酶蛋白分子分离，并将其位置和活性直接在染色区带标记出来。酶蛋白所显示的图像称为酶谱。根据谱带位置、数目及吸收强度等进行比较分析，判定生物的遗传特性。（图15.1）

电泳的种类，因支持物的不同而异，用纸作支持物的称为纸电泳，用凝胶作支持物的称为凝胶电泳。纸电泳只能根据组分自由泳动率的不同将它们分开，当组分的自由泳动率相差很小时，就得不到满意的分离效果。凝胶电泳不仅可以把自由泳动率差别很大的组分分开，而且可以借助分子筛的作用把自由泳动率差别小的组分分开。纸只能作单纯的支持物，它本身不参与分离过程。凝胶不仅作为支持物，由于有较高的黏度，在电泳时产生一定的摩擦力，还有一定大小的孔洞，电泳时能和移动的颗粒相互作用，主动参与分离过程。假如凝胶的孔洞与所分离的蛋白质分子的平均大小接近，那么蛋白质分子通过凝胶孔洞的难易程度就不同，这与蛋白质分子的大小、形状有关，这样就为分离自由泳动率接近的大分子提供了一种简单有效的方法。因此，目前分离同工酶的技术主要是用凝胶电泳。常用的凝胶有淀粉凝胶、琼脂凝胶、醋酸纤维薄膜和聚丙烯酰

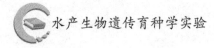

胺凝胶等。

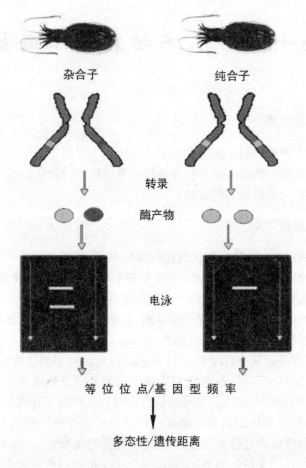

图 15.1 同工酶电泳原理

三、实验材料

新鲜的贝类、鱼类组织或−80℃冻存的样品。

四、实验用具和试剂

1. 仪器用具

微量匀浆机,高速冷冻离心机,多用电泳仪,抽气机,电炉或微波炉,多层滤纸,pH仪,制胶模具,研钵、染色盒,冰箱,恒温培养箱,分析天平,电子天平,数码相机等。

2. 药品试剂

水解马铃薯淀粉(Starch),三羟甲基氨基甲烷(Tris),柠檬酸,乳酸,乙二胺四乙酸(EDTA),乙二胺四乙酸二钠盐,苹果酸,乳酸,磷酸氢二钠,磷酸二氢钠,辅酶 I (NAD),辅酶 II (NADP),吩嗪甲酯硫酸盐(PMS),氯化硝基四氮唑兰(NBT),异柠檬酸三钠,6-磷酸葡萄糖酸钠,乙醇,丙酮,α-萘乙酸,a-Glycerol phosphate,Glucose-6-phosphate,溴酚蓝,快蓝 RR 盐,冰醋酸,盐酸,氢氧化钠,氯化镁。

3. 缓冲液(配制方法见附录)

CT-7.0 制胶缓冲液;CT-8.0 制胶缓冲液;CAPM-7.0 制胶缓冲液。

五、实验步骤和流程(图 15.2)

(1) 样本活体解剖,将各组织(如肝脏、外套肌、眼等)置于 1.5 mL 离心管中,编号放入-80℃冰箱中保存备用;血液需要加肝素抗凝,于 4℃冰箱中保存,备用。

(2) 电泳前取 0.3 g 左右样品放入 1.5 mL 离心管,加入等体积的蒸馏水中后置于冰浴中研磨,研磨混合液置于冷冻离心机中,在 4℃、12 000 r·min^{-1}的条件下离心直至上清液澄清,取上清液冷冻保存备电泳用。对于血液试样,待分离出血清后上样。

(3) 加淀粉 30 g 和制胶缓冲液 254 mL,在三角烧瓶内混匀,加热至沸腾,抽气,然后注入制胶模具中,冷却后,保鲜膜密封保存备用。

(4) 用手术刀在凝胶距离边 1/3(约 2.5 cm)处切开,用适当大小的滤纸片蘸取样品提取液放入切口中。上样完毕后,用滤纸搭盐桥。在 4℃条件下稳流(18 mA)电泳 5 h。电泳后将凝胶割成 1~1.5 mm 厚的胶片,置于染色盒中,将配制好的染色液倒入染色盒后置于 37℃的恒温箱中进行染色。各种酶的染色液见附录 5。待酶显示足够的活性后,用 7％的冰醋酸溶液终止反应。

取凝胶放于大小合适的玻璃纸上,压制封膜,晾干,编号保存。

(5) 对凝胶及其谱带拍照,或用激光扫描仪对干胶片电泳谱带进行扫描。

(6) 结果分析:根据酶的结构组成和同工酶的在组织中所表现的酶谱特征,确定每种同工酶的编码基因位点、多态位点的等位基因频率。

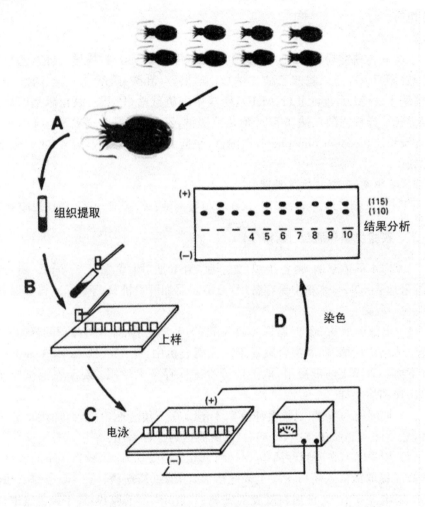

图 15.2 同工酶电泳实验流程

六、实验作业

(1) 提交清晰的同工酶酶谱图 1～2 张。

(2) 同工酶技术的特点是什么？

(3) 同工酶技术在水产遗传育种中如何应用？

七、参考图谱

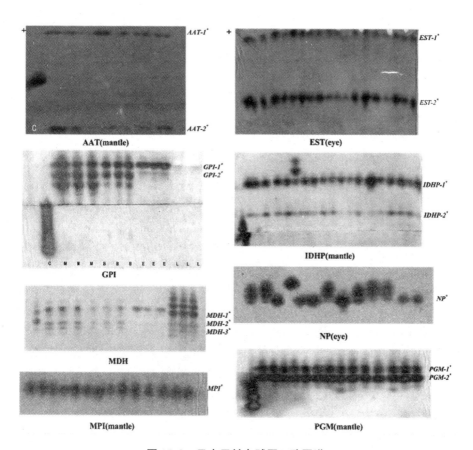

图 15.3 日本无针乌贼同工酶图谱

实验十六 水产动物细胞 DNA 相对含量测定

一、实验目的

（1）了解细胞 DNA 相对含量测定和染色体倍性检测的方法。
（2）学习流式细胞仪的使用方法。

二、实验原理

流式细胞术（Flow Cytometer，FCM）是一种在功能水平上对单细胞或其他生物粒子进行 DNA/RNA 定量分析和分选的检测手段。它可以高速分析上万个细胞，并能同时从一个细胞中测得多个参数，与传统的荧光镜检查相比，具有速度快、精度高、准确性好等优点，是当代最先进的细胞定量分析技术。

用 DNA-RNA 特异性荧光染色（如 4,6-diamidino-2-phenylindole，即 DAPI）对细胞进行染色，在流式细胞仪（图 16.1）上用激光或紫外光激发结合在 DNA 上的荧光染料，依次检测每个细胞的荧光强度，因 DNA 含量的不同得到荧光强度的不同分布峰值，与已知二倍体细胞或单倍体细胞（如同种精子）的荧光强度对比，或与已知 DNA 含量的细胞（如鸡血细胞）进行比较，判断被检测细胞群的倍性组成（图 16.2）。采用流式细胞仪测量细胞核的 DNA 含量来检测倍性的方法已广泛应用于贝类、鱼类和甲壳类。

图 16.1 流式细胞仪

对成体贝类来说,取样自鳃组织、血淋巴、外套膜组织、出水管以及足部组织的活组织样品均可用于流式细胞术分析。除了用上述成体的组织外,直线铰合幼虫、眼点幼虫均成功地应用该方法进行倍性鉴定。

三、实验材料

贝类、鱼类的新鲜组织(鳃、肾脏等)以及血细胞。

四、实验用具和试剂

1. 仪器用具

流式细胞仪,过滤器,离心管(或培养皿),解剖刀,剪子,镊子,滤网等。

2. 药品试剂

PBS 缓冲液(140 mmol·mL^{-1} NaCl,2.6 mmol·mL^{-1} KCl,4 mmol·mL^{-1} KH$_2$PO$_4$,8 mmol·mL^{-1} Na$_2$HPO$_4$),RNA 酶,碘化乙锭。

五、实验步骤

1. 单细胞悬液的制备

分别取 0.5~1 g 新鲜组织(鳃、闭壳肌或者性腺),经 PBS 缓冲液冲洗后置于重叠的 100 目铜网和 260 目尼龙网上轻搓,磨取并过滤分散的细胞,用缓冲液不断冲洗,直至组织搓完。将组织溶液移至离心管中,离心漂洗 3 次,离心速率为 800~1000r·min^{-1},每次 5 min。除去上清液,收集沉积细胞,以备染色。

2. 细胞核 DNA 荧光素定量染色

在盛有分散细胞的试管内加入染色缓冲液,常温下暗处染色 30 min 左右,然后用 500 目尼龙网过滤,滤液用机用标准试管收集。用 PBS 缓冲液调整细胞浓度,保持细胞浓度为 10^6 mL^{-1}。染色缓冲液成分为:PBS 缓冲液内加入 3 000 U RNA 酶和 10 μmol·mL^{-1} 碘化乙锭(PI)。

3. DNA 含量测定

采用流式细胞仪分别测试每份样品的 DNA 含量。流式细胞仪的激光照射经 PI 染色的细胞即促发荧光,测定所发荧光的强度。与测定装置相连的自动分析装置可对测定结果进行初步的分析。选取重复间变异率小于 5% 的数据平均值作为测定结果。每份样品测 5×10^3 个细胞,重复 3 次。

解冻的样品要经涡旋振荡器振荡、注射器反复抽吸、筛网过滤,制成细胞悬液,方可上机分析。

六、作业

(1)流式细胞仪的使用方法。

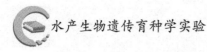

（2）DNA 相对含量的比较和倍性检测分析。

七、参考图谱

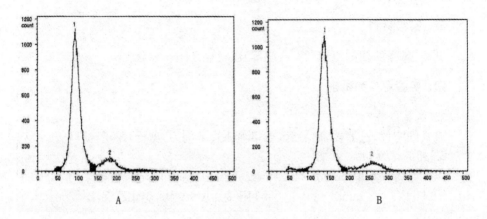

A 二倍体,B 三倍体

图 16.2　流式细胞仪检测太平洋牡蛎倍性图

实验十七 水产动物基因组总 DNA 的提取

一、实验目的

(1) 了解水生生物基因组 DNA 分离的原理和方法。

(2) 掌握大量提取水生动物基因组 DNA 的方法与技术。

二、实验原理

DNA 提取是指通过物理和化学方法使 DNA 从样品的组分中分离出来。提取 DNA 是分子生物学研究工作的第一步,DNA 质量的好坏关系到后续工作的成功与否。好的 DNA 提取方法应该是提取的 DNA 分子较完整,降解较少,蛋白质、多糖、多酚等杂质去除较彻底,同时具有较高得率。DNA 提取方法繁多,CTAB 法是水生生物 DNA 提取较为常用的方法。溴代十六烷基三甲胺(CTAB,cetyltrimethylammonium bromide)是一种去污剂,可溶解细胞膜,它能与 DNA 形成复合物,溶解于高盐溶液中($0.7\ mol \cdot L^{-1}$ NaCl),当降低溶液盐浓度到一定程度($0.3\ mol \cdot L^{-1}$ NaCl)时,从溶液中沉淀,通过离心就可将 CTAB-核酸的复合物与蛋白、多糖类物质分开。最后,通过乙醇或异丙醇沉淀 DNA,而 CTAB 溶于乙醇或异丙醇而除去。

三、实验材料

新鲜的贝类、鱼类肌肉组织或 $-80℃$ 冻存的样品。

四、实验用具和试剂

1. 仪器用具

水浴锅,冷冻离心机,移液枪,高压灭菌锅,$-80℃$ 冰箱,$4℃$ 冰箱,pH 计,磁力搅拌器,分析天平,1.5 mL 离心管,离心管盒,枪头盒及 Tip 头(白 $0.1\sim10$ μL,黄 $10\sim20\ \mu L$,蓝 $10\sim1000\ \mu L$),解剖刀剪,镊子,记号笔,乳胶手套,广口瓶和吸水纸。

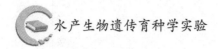

2. 药品试剂

三羟甲基氨基甲烷(Tris),HCl,乙二胺四乙酸二钠(Na₂EDTA · 2H₂O),SDS,蛋白酶 K(PK),Tris-饱和酚,酚：氯仿：异戊醇,NaCl,无水乙醇,双蒸水,β-巯基乙醇(2-ME),CTAB。

3. 试剂制备

(1) CTAB 缓冲液配方：0. 2％(V/V)2－ME (β-巯基乙醇,Sigma,M-3148);2％(W/V)CTAB(十六烷基三乙基溴化胺,Sigma,H-6269);100 mM Tris－HCl,pH8. 0;20 mM EDTA. Na₂,pH8. 0;1. 4 M NaCl。

＊灭菌后室温避光保存,几年内可以保持稳定。

(2) PK:蛋白酶 K(20 mg · mL⁻¹,蒸馏水溶解),－20℃。

(3) PCI(酚：氯仿：异戊醇＝25：24：1),4℃。

(4) LiCl:饱和水溶液,4℃保存,或者 NaCl 饱和水溶液。

(5) 无水冰乙醇:预冷,－20℃保存,或者用等体积异丙醇,预冷,－20℃保存。

(6) 70％乙醇:配制好后,4℃保存。

(7) TE(裂解缓冲及 DNA 保存液):10 mM Tris－HCL, pH8. 0～100 mM EDTA, pH8. 0,RT。

五、实验步骤(图 17. 1)

(1) 取贝或鱼的肌肉组织 100 mg,尽量切碎(图 17. 1a),放入灭菌 1. 5 mL 离心管中。

(2) 每管加入预热的 CTAB 缓冲液(60℃)500 μL,蛋白酶 K(PK)(20 mg · mL⁻¹)15 μL,60℃温浴过夜。

(3) 加入等量 500 μL CIA(氯仿：异戊醇 ＝ 24：1),旋转搅拌 20 min(图 17. 1b),然后在 10 000 r · min⁻¹下,室温离心 5 min。

(4) 吸取上清液(图 17. 1c),加入等量 PCI,室温混合 20 min, 10 000 r · min⁻¹下室温离心 5 min。

(5) 加等量 CIA,旋转搅拌 20 min;10 000 r · min⁻¹下室温离心 5 min,重复 1 次。

(6) 加入 0. 6 倍体积的异丙醇,缓慢颠倒混合至 DNA 出现(图 17. 1d);12 000 r · min⁻¹下室温离心 15 min。

(7) 倒掉上清液,加入 1 mL 预冷无水乙醇清洗,10 000 r · min⁻¹,室温离心 1 min;重复 1 次。

（8）倒掉上清液,离心管倒放自然晾干 30 min(图 17.1e)。

（9）待 DNA 完全干燥后,溶于 50 μL 1 × TE(10 mM Tris−HCl,1 mM EDTA,pH 8.0)中,4℃溶解过夜。

（10）用紫外分光光度计将 DNA 浓度调整为 100 ng·μL^{-1},置于 4℃备用。

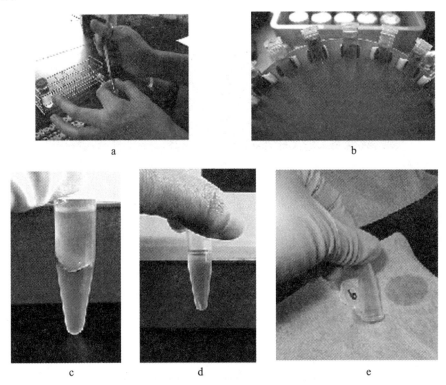

图 17.1　DNA 提取

a 切取组织;b 搅拌;c 取上清液;d DNA 获取;e 干燥

六、实验注意事项

（1）组织未完全消化至澄清可补充适量 PK。

（2）取上清液时不能触及下面液相。

（3）高温与剧烈震动损伤 DNA。

（4）各器皿及配液均需高灭菌(Tip 头,离心管,玻璃瓶,配液)。

（5）移上清液时,用黄色大口 Tip 头(剪口后经乙醇灯烧烤)。

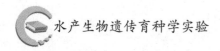

（6）酒精固定的样品，首先经蒸馏水 37℃温浴（2～3 次），洗脱酒精。

七、实验作业

（1）CTAB 提取缓冲液中各种成分的作用是什么？
（2）无水乙醇和异丙醇沉淀 DNA 各有什么优点？

八、参考图谱

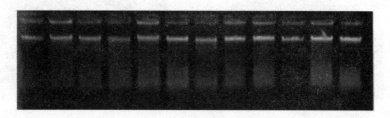

图 17.2　DNA 模板电泳图谱

第三部分
创新性实验和实验设计

实验十八 水产动物随机扩增多态性(RAPD)检测

一、实验目的

(1)掌握引物设计原理、PCR 体系配制方法、电泳原理与结果分析方法。

(2)学习水产动物遗传多样性检测的 RAPD 方法,加深对生物多样性的理解。

二、实验原理

RAPD 技术,即随机扩增多态性 DNA(Random Amplified Polymorphic DNA)技术,以 PCR 技术为基础,使用一系列具有 10 个左右碱基的单链随机引物,对基因组的全部 DNA 进行 PCR 扩增,以检测多态性。它是 1990 年美国杜邦公司科学家 J. G. K. Williams 和加利福尼亚生物研究所 J. Welsh 分别领导的一个小组几乎同时发展起来的一项新技术。与常规 PCR 相比,RAPD 主要有以下特点:① 无须专门设计 RAPD 扩增反应的引物,也无须预知被研究的生物基因组核苷酸顺序,引物是随机合成或是任意选定的。引物长度一般为 9~10 个寡核苷酸。② 每个 RAPD 反应中,仅加单个引物,通过引物和模板 DNA 链随机配对实现扩增,扩增没有特异性。③ 退火温度较低,能保证短核苷酸引物与模板的稳定配对,同时也允许适当的错误配对,以扩大引物在基因组 DNA 中配对的随机性。④ 较之常规 PCR,RAPD 反应易于程序化。利用一套随机引物,得到大量 DNA 分子标记,可以借助计算机进行系统分析。

三、实验材料

贝类、海参、鱼类模板 DNA(10~100 ng)。

四、实验用具和试剂

1. 仪器用具

PCR 扩增仪,电泳装置,离心机,移液器(1~20 mL 和 20~200 mL),0.5

mL Eppendorf 管,凝胶成像系统等。

2. 药品试剂

寡核苷酸引物(20 mmol·L^{-1}贮存液),0.2 mmol·L^{-1} dNTPs,Taq DNA 聚合酶,10×PCR 缓冲液(500 mmol·L^{-1} KCl,15 mmol·L^{-1} MgCl$_2$,100 mmol·L^{-1} Tris·HCl,pH 8.3),矿物油,MgCl$_2$,电泳所需试剂等。

五、实验步骤

(1) 在冰里向无菌的 Eppendorf 管中加入以下反应物(25 mL 反应体系):

模板 DNA	1 μL (50 ng)
随机引物	1 μL (约 5 pmol)
10×PCR Buffer	2.5 μL
MgCl$_2$	2 μL
dNTP	2 μL
Taq 酶	1 单位(U)
加 ddH$_2$O 至	25 μL

混匀稍离心,加 1 滴矿物油。

(2) PCR 反应:

94℃反应 2 min 后开始如下循环:

94℃变性反应	1 min
36℃退火反应	1 min
72℃延伸反应	1 min

经过 45 个循环后,最后一个循环 72℃再延伸 10 min,循环结束后反应产物置于 4℃下保存。

(3) 取 PCR 产物 15 μL 加 3 μL 上样缓冲液(6×)于 1% 琼脂糖胶上电泳,稳压 50~100V(电压低条带整齐,分辨率高)。

(4) 电泳结束,观察、拍照。

六、应注意的问题

(1) 扩增偏差或无扩增。

(2) 扩增结果差,条带模糊或难以辨认。

(3) 电泳时一般 RAPD 带有 5~15 条,大小 0.1~2.0 kb。

(4) 染色后凝胶背景太强影响分辨率。

(5) 特异性的 DNA 带可以克隆作为一个新的分子标记应用。

七、作业

（1）引物设计的原则是什么？

（2）分析不同 PCR 体系配制方法对结果的影响。

（3）掌握电泳原理与方法。

八、参考图谱

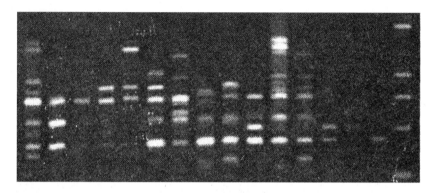

图 18.1　RAPD 电泳图例

实验十九　水生动物的扩增片段长度多态性(AFLP)分析

一、实验目的

(1) 掌握 AFLP 的基本原理以及酶切、连接步骤和方法。

(2) 学习水产动物遗传多样性检测的 AFLP 方法,加深对生物多样性的理解。

二、实验原理

AFLP(Amplified Fragment Length Polymorphism) 即扩增片段长度多态性,是利用 PCR 技术检测 DNA 多态性的一种方法。它的基本原理是对基因组 DNA 的限制性酶切片段进行选择性扩增从而获得的片段长度多态性。基因组 DNA 经限制性内切酶酶切产生大小不等的带有黏性末端的随机片段,然后将双链人工接头与这些酶切片段相连接形成扩增反应的模板。已知的接头序列及内切酶识别的几个碱基序列即作为引物的结合位点。经 PCR 扩增反应和聚丙烯酰胺凝胶电泳,最终通过对其扩增结果的电泳图谱分析,得到水产生物样品的遗传多样性信息。

AFLP 检测可以采用的限制性内切酶有许多种,包括 EcoR Ⅰ、Hind Ⅲ、Apa Ⅰ、Taq Ⅰ、Msp Ⅰ、Hpa Ⅱ、Mse Ⅰ、Pst Ⅰ 等;可以采用单酶切,也可以采用双酶切或三酶切,一般采用双酶切,其组合一般由一个高频内切酶如 Mse Ⅰ(T/TAA)和一个低频内切酶如 EcoR Ⅰ(G/AATTC)组成。所以,AFLP 技术主要包括:① 模板的制备;② 引物的组装;③ 酶切片段的扩增;④ 聚丙烯酰胺变性胶电泳等。以 AFLP 常用的限制性内切酶 EcoR Ⅰ 及 Mse Ⅰ 为例(如示意图 19.1),实验过程包括限制性酶切——连接接头——引物结合——PCR 扩增。

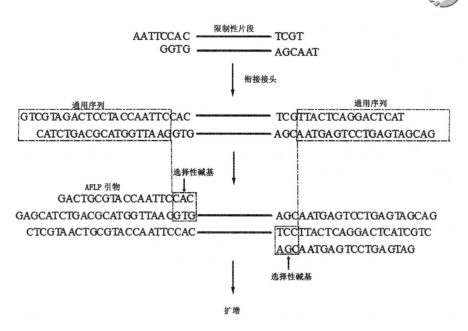

图 19.1　AFLP 技术示意图

AFLP 接头序列包括核心序列和内切酶特异识别序列,核心序列为遵循引物设计的基本原则设计的一段随机的寡核苷酸序列,所有的内切酶核心序列不变。

EcoR Ⅰ 接头结构如下:

5—CTCGTAGACTGCGTACC

　　　CATCTGACGCATGGTTAA—5

Mse Ⅰ 接头结构如下:

5—GACGATGAGTCCTGAG

　　　TACTCAGGACTCAT—5

AFLP 引物由三部分组成:① 核心碱基序列(core sequence,CORE),该序列与人工接头互补;② 限制性内切酶识别序列(enzyme − specificsequence,ENZ);③ 引物 3′端的选择碱基(selectiveextension,EXT)。结构如下:

	CORE	ENZ	EXT
EcoR Ⅰ	5—GACTGCGTACC	AATTC	NNN—3
Mse Ⅰ	5—GATGAGTCCTGAG	TAA	NNN—3

三、实验材料

贝类、刺参、鱼类等模板 DNA。

四、实验用具和试剂

1. 仪器用具

PCR 扩增仪，电泳装置，离心机，移液器，0.5 mL Eppendorf 管，凝胶成像系统等。

2. 药品试剂

CTAB 裂解液（CTAB 2 g，NaCl 1.4 mol·L^{-1}，Tris－HCl 100 mmol·L^{-1}，EDTA·Na_2 20 mmol·L^{-1}，巯基乙醇 0.2%），蛋白酶 K，AFLP 引物和接头，EcoRⅠ内切酶，MseⅠ内切酶，T_4 DNA 连接酶，矿物油，$MgCl_2$，电泳所需试剂等。

五、实验步骤

1. 基因组 DNA 的提取（同实验十七）

提取高质量 DNA，调整浓度为 0.1 μg·$μL^{-1}$。

2. 限制性内切酶消化

采用 EcoRⅠ/ MseⅠ双酶切组合反应体系，反应体系为 10 μL，试剂组成如下：

		使用量
基因组 DNA(0.1 μg·$μL^{-1}$)	1 μl	0.1 μg
10×Tango buffer	2 μL	2×
EcoRⅠ(10 U·$μL^{-1}$)	0.1 μL	1 U
MseⅠ(10 U·$μL^{-1}$)	0.1 μL	1 U
dH_2O	6.8 μL	
	10 μL	

轻柔搅拌，轻微离心，置于 PCR 仪上 37℃温浴 3 h 后，65℃下 3 h。

3. 接头制备及连接

用 STE Buffer (10 mM Tris－HCl，50 μM NaCl，1 mM EDTA)溶解 DNA，将两条链等摩尔混合，94℃保温 5 min 后，徐徐冷却至室温。酶切片段与

接头连接如下：

	使用量	
酶切产物	10 μL	
EcoR Ⅰ adaptor (5 pmol·μL^{-1})	1 μL	5 pmol
Mse Ⅰ adaptor (50 pmol·μL^{-1})	1 μL	50 pmol
10×Ligase Buffer	2 μL	1×
T$_4$ DNA Ligase (5 U·μL^{-1})	0.2 μL	1 U
50% PEG	2 μL	5%
dH$_2$O	3.8 μL	
	20 μL	

轻微离心 3～5 s,16℃过夜,加入 180 μL TE,放于－20℃保存。

4. 预扩增

连接产物用预扩增引物进行 PCR 反应,反应体系如下:

模板 DNA(连接产物)	2 μL
10×buffer	1 μL
MgCl$_2$(25 mM)	0.6 μL
EcoR Ⅰ 预扩引物(5 μM)	0.5 μL
Mse Ⅰ 预扩引物(5 μM)	0.5 μL
dNTP (2.5 mM)	0.8 μL
Taq (5 U·μL^{-1})	0.05 μL
dH$_2$O	4.55 μL
	10 μL

PCR 反应程序为:72℃ 2 min,接着 20 个循环,每个循环包括 94℃ 20 s、56℃ 30 s、72℃ 2 min,最后是 60℃ 30 min。注意:不能预热,不能热启动。

预扩增引物 5 μL 置于新离心管中,并加入 95 μL TE 稀释,－20℃下保存。剩下的 5 μL 采用 1.5%琼脂糖电泳检测,确认 100～1 500 bp 间 smear 状产物。

5. 选择性扩增

选取不同的 EcoR Ⅰ 和 Mse Ⅰ 选择性扩增引物组合进行 PCR 反应,反应

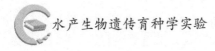

体系为：

		使用量
稀释后模板 DNA	1.5 μL	
EcoR Ⅰ 选扩引物 (5 μM)	0.5 μL	0.25 μM
Mse Ⅰ 选扩引物 (5 μM)	0.5 μL	0.25 μM
MgCl₂ (25 mM)	0.6 μL	1.5 mM
dNTP (2.5 mM)	0.8 μL	0.2 mM
10×buffer	1 μL	
Taq (5 U·μL^{-1})	0.05 μL	0.25 U
ddH₂O	5.05 μL	

10 μL

PCR 反应程序为：94℃变性 2 min,紧接着 10 个退火温度依次降低 1℃的循环,这 10 个循环的第一个循环为 94℃ 30 s,66℃ 30 s,72℃ 1 min,之后 20 个循环,每个循环包括 94℃ 30 s,56℃ 30 s,72℃ 1 min,最后是 60℃ 30 min。4℃保存。

6. 聚丙烯酰胺凝胶电泳

(1) PAGE 凝胶的配制(6%,变性胶):尿素 25.2 g,丙烯酰胺 3.42 g,甲叉双丙烯酰胺(Bis)0.18 g,10×TBE 6 mL,灭菌 ddH₂O 20 mL,过硫酸铵(Aps) 24 mg,四甲基乙二胺(TEMED)24 μL,最后定容至 60 mL。

(2) 玻璃板的准备:洗刷干净的玻璃板用 100%酒精擦拭 2～3 遍,晾干。玻璃的硅化:长玻璃用亲和硅烷硅化,耳玻璃用剥离硅烷硅化,晾干。

将玻璃板叠放,倒胶,边缘用保鲜膜包好,并用夹子固定,水平静置 4～5 h。

(3) 预电泳:电泳槽下槽加入 1×TBE 500 mL,上板,上槽加入 1×TBE 500 mL。预电泳 20 min,1 700 V。夹紧防止漏液。

(4) PCR 产物及 Marker 的变性:产物中加入等体积的变性剂(10 μL),放入 PCR 仪中 95℃变性 3～5 min,立即取出放冰上。Marker 用 PCR 仪变性(72℃)处理 5 min。

(5) 上样:插入梳子,上样量 3～5 μL,加 10 bp DNA Ladder Marker 1 μL。电泳 2.5 h 左右,溴酚蓝至玻璃板最下处即可。

(6) 银染:2 L 10%冰醋酸脱色 20 min,ddH₂O 冲洗 3 遍,每次 2～5 min,染色液 2 L(2 g AgNO₃ 溶解入 3 mL 37%甲醛)染色 30 min,ddH₂O 迅速冲洗

(不超过 5 s)后转入 2 L 冷却显影液(60 g Na_2CO_3,37%甲醛 10 mg·mL^{-1} $Na_2S_2O_3$ 400 μL)中显影,至出现清晰条带。迅速转入固定液(脱色用冰醋酸)中定形 3~5 min,ddH_2O 冲洗 2 遍,每次 2 min,放入烘箱中干燥过夜。

六、实验结果分析

待凝胶干燥后读板记录数据,并记录有无多态性。按照相同迁移位置上有扩增条带记为 1,无带记为 0 的方法记录电泳谱带。只记录清晰、可重复的 AFLP 扩增带。统计扩增出的位点数,计算 AFLP 标记的多态性水平,并用多态位点数/总位点数计算多态位点比例,以及利用公式计算遗传多样性指数、Hardy—Weinberg 遗传偏离指数和个体及群体间的遗传相似度和遗传距离等数据。

七、实验作业

(1) 总结 AFLP 标记的优缺点。
(2) 简述 AFLP 标记在水产生物遗传学研究中的应用。

八、AFLP 扩增参考图谱

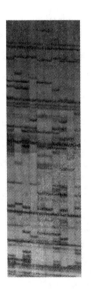

图 19.2 青蛤 AFLP 扩增图例

实验二十 水生生物遗传多样性的微卫星标记分析

一、实验目的

(1) 了解微卫星分子标记技术的原理。

(2) 掌握微卫星分子标记技术的操作方法。

(3) 了解微卫星分子标记技术在水生生物遗传多样性分析中的应用。

二、实验原理

微卫星(Microsatellites)又称简单序列重复(Simple Sequence Repeats, SSR)、短串联重复(Short Tandem Repeats)或简单序列长度多态性(Simple Sequence Length Polymorphism),是指由 1～6 个核苷酸为核心序列组成的一个简单串联 DNA 重复单位头尾相连的重复序列。在迄今研究过的所有生物种类中都发现了它的存在,并且分布密度很大,表现出高度的多态性。一般认为,微卫星重复序列产生的原因主要有三点:① DNA 复制过程中的滑动;② DNA 复制和修复时滑动链与互补链碱基错配;③ 在减数分裂中的不等交换,导致一个或几个重复单位的插入或缺失,使这些重复序列的拷贝数发生变化,从而形成群体内个体间的多样性即多态性。由于微卫星具有多态性丰富、遵循孟德尔分离定律、共显性遗传等特点,已成为种群分化、家系分析、基因连锁分析、进化研究中使用最为广泛的遗传标记,是继第一代作图用分子标记 RFLP 后的第二代作图用分子标记。

尽管微卫星分布于整个基因组的不同位置,但它两端的序列多是相对保守的非重复序列或称为侧翼序列,中间为重复的核心序列,因此分析微卫星 DNA 多态性时,可以根据分离得到的微卫星两端的单拷贝序列设计一对特异引物,利用 PCR 技术,扩增每个位点的微卫星 DNA 序列,得到个体之间因为重复次数不同而造成的大小不等的 DNA 片段,经聚丙烯酰胺凝胶电泳技术分析核心序列的长度多态性。一般来说,同一类微卫星可分布于整个基因组的不同位置上,通过其重复的次数不同以及重复程度的不完全造成每个座位上的多态性。

三、实验材料

太平洋牡蛎(Crassostrea gigas)基因组 DNA 样品。

四、实验用具和试剂

1. 仪器用具

台式冷冻离心机,PCR 仪,电泳仪,测序仪,恒温水浴锅,高压灭菌锅,微量移液枪,Tip 头,离心管,PCR 管,冰浴锅等。

2. 药品试剂

太平洋牡蛎微卫星引物,Taq 聚合酶,10×PCR buffer,$MgCl_2$,dNTP,DNA Marker;尿素(urea),丙烯酰胺(Acr),甲叉双丙烯酰胺(Bis),过硫酸铵(APS),四甲苯乙二胺(TEMED),三羟甲基氨基甲烷(Tris),硼酸,EDTA,去离子甲酰胺,二甲苯青,溴酚蓝,无水乙醇,冰醋酸,剥离硅烷,亲和硅烷,硝酸银,甲醛,无水碳酸钠,硫代硫酸钠等。

五、实验步骤

1. PCR 反应体系
在 PCR 管中加入下列溶液:

模板 DNA (100 ng · μL^{-1})	1 μL
正向引物(10 μM)	1 μL
反向引物(10 μM)	1 μL
10×Buffer	1 μL
dNTP(2.5 mM)	0.8 μL
$MgCl_2$(25 mM)	0.6 μL
Taq(5 U · μL^{-1})	0.05 μL
ddH$_2$O	4.55 μL

2. 反应程序
94℃预变性 3 min 后,开始如下循环:

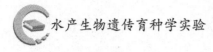

94℃变性	1 min
退火	1 min
72℃延伸	1 min

经过 45 个循环后,最后一个循环 72℃再延伸 10 min,循环结束后反应产物置于 4℃下保存。

3. 变性聚丙烯酰胺凝胶的制备

(1)电泳用的玻璃板一定要非常清洁,一般先用去污剂洗涤,再用去离子水冲洗玻璃板,最后用乙醇擦洗干净。

(2)每次灌胶前均需分别严格处理清洗过的方玻璃板和耳玻璃板。耳玻璃板擦拭 1 mL 2‰的剥离硅烷(Repel Silane),方玻璃板用亲和硅烷(Binding Silane)(1.5 mL 无水乙醇,7.5 μL 冰乙酸,2 μL 0.5%亲和硅烷)进行硅化。方、耳玻璃板轮流处理过程中,要先更换手套,防止两块硅烷交叉污染。硅烷化后至少干燥 10 min。

(3)进行玻璃板组装。用 0.4 mm 厚的边条置于方玻璃板左、右两侧,将耳玻璃板压于其上,两侧用夹子固定住。使用夹子固定玻璃板时,最好夹子的力量稍大一些,防止因力量不足使灌胶的过程中出现漏液现象。

(4)将 60 mL 6%变性聚丙烯酰胺凝胶储存液(420 g 尿素,57 g 丙烯酰胺,3 g 甲叉双丙烯酰胺,100 mL 10×TBE,溶于灭菌双蒸水,定容至 1 L,4℃下保存备用),加入 0.024 g 过硫酸铵和 24 μL TEMED 后,沿灌胶口轻轻灌入,待胶流动到玻璃板底部,在灌胶口轻轻插入鲨鱼齿梳。注意:灌胶过程中要严格防止出现气泡,否则影响电泳的结果。灌胶结束后,静止放置使之聚合至少 2.5 h。若让胶过夜,在胶的两头铺上保鲜膜以防干胶。

4. 电泳

(1)当凝胶聚合完全后,拔出鲨鱼齿梳,将玻璃板组装到电泳槽上,稀释 10×TBE 缓冲液至 1×TBE,将该缓冲液加入上、下两个电泳槽中,60 W 恒功率预电泳 30 min。预电泳是为了去除凝胶的杂质离子,同时使凝胶板达到所需的温度。高温电泳可防止 GC 丰富区形成发夹状结构影响电泳结果。

(2)预电泳同时,进行样品的制备。PCR 产物与甲酰胺变性剂 1∶1 混合,95℃变性 5 min,然后立即冰浴。

(3)预电泳结束后,关闭电源,用针管吸缓冲液清洗样品孔,去除在预电泳时扩散出来的尿素。将鲨鱼齿梳反过来,把有齿的一边插入凝胶中。每一个点样孔点入 6 μL 经变性的样品。加样完毕后,立即采用 60 W 恒功率电泳。

5. 银染显色

(1)电泳完毕后,小心分开两块玻璃板,凝胶会紧贴在涂亲和硅烷的长玻璃板上。

（2）固定：将凝胶板置于10％冰醋酸溶液（固定/停止液）中，轻轻摇动15～30 min至样品中染料完全消失。

（3）冲洗：用三蒸水振荡洗胶3次，每次3～5 min。

（4）染色：2 L三蒸水中加入2 g AgNO$_3$和3 mL 37％甲醛配成染色液，将凝胶板置于染色液中充分摇动30 min。

（5）冲洗：从染色液中取出胶板放入三蒸水中浸洗5～10 s。注意：把凝胶从三蒸水转移到显影液的时间不能过长，否则导致信号微弱，甚至丧失信号。

（6）显影：将凝胶板迅速移到2 L冷却的显影液中（2 L水加入60 g无水Na$_2$CO$_3$，冷却至4℃，使用前加入37％甲醛3.5 mL，10 mg·mL^{-1}硫代硫酸钠400 μL），充分振荡直至带纹出现。

（7）定影：固定/停止液中定影3～5 min。

（8）冲洗：在三蒸水浸洗凝胶3～5 min。

（9）干燥保存：等胶板干燥后将其扫描成图像文件保存。

六、实验结果分析

根据变性聚丙烯酰胺凝胶电泳上的10 bp DNA Marker人工读取扩增片断大小，使用分析软件GENEPOP 3.4和MICROSATELLITE ANALYSER (MSA)对每个微卫星位点等位基因的数量进行统计，计算等位基因频率、观测杂合度（H_O）、期望杂合度（H_E）与检测群体是否符合哈迪-温伯格平衡（Hardy-Weinberg equilibrium, HWE）。

七、实验作业

（1）总结微卫星标记的优缺点。

（2）简述微卫星标记在海洋生物遗传学研究上的应用。

八、微卫星标记参考图

图20.1　太平洋牡蛎 Cge449 位点的电泳图

图 20.2　太平洋牡蛎 Udg194 位点的电泳图

实验二十一 选择育种计划的制订

一、实验目的

（1）了解选择育种的一般原理。
（2）掌握选择育种的方法和特点。
（3）了解选择育种方法在水生生物遗传育种中的应用。

二、实验原理

选择育种（Selection breeding），简称选育或选种，是根据育种目标在现有品种或育种材料内出现的自然变异类型中，经比较鉴定，通过多种选择方法，选优去劣，选出优良的变异个体，培育新品种的方法。选择育种属于传统育种方法的范畴，其中又渗透了各个层次的遗传理论和方法，如经典的孟德尔遗传学、细胞遗传学、种群遗传学、分子遗传学和数量遗传学等，这些理论和方法在选择育种中作为工具，但它们自身不会产生所需要育种进展。在水生生物的育种实践中，选择育种的地位是不可替代的。

相比其他领域，选择育种在水产方面的起步较晚，但是发展很快，尤其近几十年来的成绩显著：在鱼类方面，国外先是成功地培育了多个鲑鳟鱼类新品种，后来又成功进行了罗非鱼的选育，大大提高了这些鱼类的生产水平；国内从 20 世纪六七十年代荷包红鲤到兴国红鲤、玻璃红鲤、湘云鲫等新品系的出现也仅仅经历 10～20 年时间，近期又有超雄罗非鱼、全雌牙鲆鱼等新品系培育成功；对虾方面，"中国对虾抗 WSSV 的筛选育种及配套生产工艺研究"获得了良好的成果；贝类方面，国外已成功建立了美洲牡蛎（*Crassostrea virginica*）的抗尼氏单孢子虫病（MSX）、派金虫病（Dermo）新品系；国内近期成功推出了海湾扇贝（*Argopectens irradias*）"中科红"、栉孔扇贝（*Chlamys farreri*）"蓬莱红"（图 21.1）以及皱纹盘鲍（*Haliotis discus hannai*）"中国红"等新品种和品系。

图 21.1 栉孔扇贝新品种——蓬莱红

三、实验材料

文献与实验资料、数据。

四、实验方法

1. 育种背景的调查

全面收集和分析目标物种的文献与实验资料、数据,研究其育种现状。

2. 育种目标的确定

确定选择目标和项目,即要获得什么样的品种(breed),如提高存活率、提高生长速度(growth rate)、改进品质(quality)、广泛的抗病能力(resistance)、提高幼稚体的存活率、改进生长率、提高壳/肉比例、提高食物转化率(food conversion effeciency)等,然后再有计划地进行选择培育,这样才有可能在短时间内获得目标品种。

3. 育种方法的选择

选择育种工作可以从优良的个体或群体开始,选择育种常用的方法有群体选择和家系选择。

群体选择(mass selection)是根据个体性状的表现型进行选择的方法,又称为个体选择(individual selection)。对于遗传力较高的性状采用该选择方法简单易行,且容易成功。

家系选择(family selection)指在尽可能一致的环境条件下,建立若干个家系,并对家系进行比较和观察,以家系为单位进行选择,将具有目标性状和优势性状的个体选出来作为亲本繁育,逐代选择表现良好的个体。

应根据育种目标选择合适的育种方法或综合使用多种方法。

4. 制订年度进展

根据要实现的育种目标制订详细的年度计划和进展安排。

5. 育种计划的实施

选择适宜的育种场,确定育种原始群体和选择时间,选择个体的数量和年龄等。

五、实验作业

根据已掌握的基础理论知识,对某一养殖水生生物制订合理而且可行的选择育种培育方案。

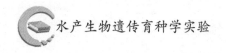

实验二十二　杂交育种计划的制订

一、实验目的

（1）了解杂交育种的一般原理。

（2）掌握杂交育种的方法和特点。

（3）了解杂交育种方法在水生生物遗传育种中的应用。

二、实验原理

杂交育种（cross breeding）指通过不同（品）种间杂交创造新变异，并对杂交后代培育、选择以育成新品种的方法。杂交育种和选择育种一样，属于经典育种方法的范畴，同时也是目前国内外动植物育种中应用最广泛、成效最显著的育种方法。新技术和新方法只有和传统育种方法很好地结合，才能发挥作用，收到更好的效果。

杂交育种的理论基础是基因的分离和重组。杂交是增加生物变异性的一种重要方法，但是杂交并不产生新基因，而是利用现有生物资源的基因和性状重新组合，将分离于不同群体（个体）的基因组合起来，从而建立理想的基因型和表现型。

杂交育种在水产养殖上的应用十分广泛，如杂交鲍（图 22.1），主要应用于水产动物育种中提高生长速度、抗病力、抗逆性、起捕率、含肉率和改良肉质、提高饵料转化率、提高成活率、创造新品种、保存和发展有益的突变体，以及抢救濒于灭绝的良种等方面。

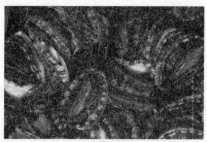

图 22.1　皱纹盘鲍的杂交品种

三、实验材料

文献与实验资料、数据。

四、实验方法

1. 调查育种背景

大量查阅文献资料,全面收集和分析目标物种的实验资料、数据,研究其育种现状。

2. 确定育种目标

建立明确的育种目标非常必要,没有明确的指导思想,会使育种工作盲目性大、效率低、时间长、成本高。首先应确定选育新品种(或品系)主要的目标性状所要达到的指标以及杂交用的亲本及亲本数,初步确定杂交代数、每个参与杂交的亲本在新品种血缘中占多少比例等等。实践中要根据实际情况进行修订与改进,灵活掌握。

3. 杂交组合的选择

品种间的杂交使两个基因型重组,杂交后代中会出现各种类型的个体,通过选择理想或接近理想类型的个体组成新的类群,进行繁育就有可能育成新的品系和品种。此阶段的工作除了选定杂交品种或品系外,每个品种或品系中的与配个体的选择、选配方案的制订、杂交组合的确定等都直接关系到理想后代能否出现。因此,有时可能需要进行一些实验性的杂交。由于杂交需要进行若干世代,所采用的杂交方法如引入杂交或级进杂交,要视具体情况而定。理想个体一旦出现,就应该用同样方法生产更多的这类个体,在保证符合品种要求的条件下,使理想个体的数量达到满足继续进行育种的要求。

4. 主要步骤

(1)杂交:杂交的方法主要有简单育成杂交、级进育成杂交和引入育成杂交等,以及这些方法的综合使用。

(2)自群繁殖:目的是通过理想杂种个体群内的自群繁殖,使目标基因纯合和目标性状稳定遗传。

(3)扩群提高:目的是迅速增加其数量和扩大其分布地区,培育新品系,建立品种整体结构和品种品质,完成一个品种应具备的条件。

5. 制订年度进展和育种计划的实施

根据要实现的育种目标制订详细的年度计划和进展安排。

选择适宜的育种场,确定育种原始群体和选择时间,选择个体的数量和年龄。

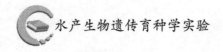

五、实验作业

根据已掌握的理论知识,对某一养殖水生生物制订合理而且可行的杂交育种培育方案。

实验二十三　多倍体育种计划的制订

一、实验目的

(1) 了解多倍体育种的一般原理。

(2) 掌握多倍体育种的方法和特点。

(3) 了解多倍体育种方法在水生生物遗传育种中的应用。

二、实验原理

多倍体(polyploid)是指体细胞中含有三个或三个以上染色体组的个体。多倍体育种(polyploid breeding)是指利用人工诱变或自然变异等,通过细胞染色体组加倍以改造生物遗传基础,获得多倍体育种材料,用以选育符合人们需要的优良品种的方法。

1995 年海洋高技术专项(即 863 课题)启动以来,我国海水养殖动物的多倍体育种得到优先资助,至今在牡蛎、扇贝、皱纹盘鲍、珠母贝、中国对虾等重要经济种类中得以应用。主要的诱导方法包括物理诱导(温度休克、静水压)、化学诱导(细胞松弛素 B、6-二甲基氨基嘌呤、咖啡因等)和生物诱导(核移植和细胞融合、四倍体与二倍体杂交等)。

目前,牡蛎多倍体的研究主要集中于三倍体和四倍体。三倍体牡蛎具有生长快、个体大、肉质好等特点(图 23.1),且由于三倍体具有三套染色体组,减数分裂过程中染色体的联会不平衡导致三倍体的高度不育性,能形成繁殖隔离,不会对养殖环境造成品种污染;四倍体牡蛎具有进行正常繁育的可能,与二倍体杂交可产生 100% 的三倍体,能够克服物理或化学方法诱导三倍体的缺点,更加安全、简便、高效地获得三倍体。

图 23. 1　二倍体和三倍体太平洋牡蛎的比较

三、实验材料

文献与实验资料、数据。

四、实验方法

1. 育种背景的调查

全面收集和分析目标物种的文献与实验资料、数据，研究其育种现状。

2. 育种目标的确定

制定好选择目标和项目，即要获得什么样的品种（breed），如三倍体不育、四倍体等，然后再有计划地进行培育，这样才有可能获得目标品种。

3. 育种方法的选择

（1）三倍体育种：

工作可以从优良的个体或群体开始，挑选优良性成熟亲本，暂养。

确定三倍体诱导方法：选择物理、化学或生物方法。

确定三倍体子代各生长阶段倍性检查的方法：染色体计数、流式细胞术等。

（2）四倍体育种：

在三倍体育种技术基础上，制定诱导四倍体的技术路线图。

确定诱导方法和倍性检测方法。

确定四倍体子代的挑选和培育方法。

同时，应根据育种目标可以结合选择和杂交育种等多种方法实施。

4. 制订年度进展

根据要实现的育种目标制订详细的年度计划和进展安排。

5. 育种计划的实施

选择适宜的育种场、确定育种原始群体和选择时间、选择个体的数量和年龄等。

五、实验作业

根据已掌握的理论基础知识,对某一养殖水生生物制订合理而且可行的多倍体育种培育方案。

附　录

附录1　果蝇中常见突变性状及控制性状的基因

突变型	基因符号	表现特征	基因所在染色体
白眼	w	复眼白色	X
棒眼	B	复眼呈直棒形	I
褐色眼	bw	复眼褐色	II
猩红眼	st	复眼猩红色	III
黑檀体	e	身体乌木色、黑亮	IIIR
黄体	y	身体浅橙黄色	X
焦刚毛	sn	刚毛卷曲如烧焦状	X
黑体	b	颜色比黑檀体深	IIL
匙形翅	nub2	翅小匙状	II
残翅	vg	翅退化、部分残留不能飞	IIR
翻翅	Cy	翅向上翻卷，纯合致死	II
小翅	m	翅膀短小，不超过身体	X

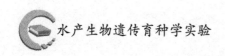

附录 2 果蝇培养基的几种配方

成分	香蕉培养基	玉米培养基	米粉培养基
水	47.8 mL	150 mL	100 mL
琼脂粉(洋菜)	1.5 g	1.5 g	1.5 g
白糖(红糖)	/	13 g	10 g
香蕉粉	50 g	/	/
麸皮和粗糠	/	/	8 g
酵母粉	少许	少许	少许
抑菌剂(丙酸)	2滴	7滴	5滴
玉米面	/	17 g	/

附录 3 χ^2 表

df \ α	0.99	0.95	0.90	0.10	0.05	0.01
1	0.000	0.004	0.016	2.706	3.841	6.635
2	0.020	0.103	0.211	4.605	5.991	9.210
3	0.115	0.352	0.584	6.251	7.815	11.345
4	0.297	0.711	1.064	7.779	9.488	13.277
5	0.554	1.145	1.610	9.236	11.070	15.086
6	0.872	1.635	2.204	10.645	12.592	16.812
7	1.239	2.167	2.833	12.017	14.067	18.475
8	1.646	2.733	3.490	13.362	15.507	20.090
9	2.088	3.325	4.168	14.684	16.919	21.666
10	2.558	3.940	4.865	15.987	18.307	23.209
11	3.053	4.575	5.578	17.275	19.675	24.725
12	3.571	5.226	6.304	18.549	21.026	26.217
13	4.107	5.892	7.042	19.812	22.362	27.688
14	4.660	6.571	7.790	21.064	23.685	29.141
15	5.229	7.261	8.547	22.307	24.996	30.578
16	5.812	7.962	9.312	23.542	26.296	32.000

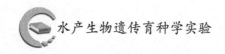

附录 4 染色液配方

一、醋酸洋红染色液

将 45 mL 醋酸加入到 55 mL 蒸馏水中,加入洋红 1 g,煮沸,使其充分饱和,冷却过滤,并加醋酸铁或氢氧化铁(媒染剂)水溶液数滴或在加入 1 g 洋红的同时加入 1 枚大头针,煮沸,然后文火 2～3 h,冷却过滤。

二、Schiff 试剂

将 1 g 碱性品红加入 200 mL 煮沸的蒸馏水中,再煮沸 3～4 min,待溶液全部冷却到 50℃时过滤,再等溶液冷到 25℃以下时,加入 30 mL 1 M HCl 和 3 g 偏重亚硫酸钠,装进棕色瓶,塞上瓶塞,置于黑盒中 48 h,溶液呈无色或淡黄色即可。若有少许红色,可用活性炭(加 1 g)过滤。经过滤的溶液(或加入活性炭充分振荡)还是淡红色就不能用,需要重新配制。

三、2％乳酸醋酸地衣红

取 45 mL 冰醋酸置于 250 mL 的三角瓶中,瓶口加一棉塞,在乙醇灯下加热至微沸,缓慢加入 2 g 地衣红使其溶解,待冷却后加入 55 mL 蒸馏水,振荡 5～10 min,过滤到棕色试剂瓶中备用。或在三角瓶中加入 100 mL 45％的冰醋酸,在乙醇灯上加热至沸,慢慢溶入 2 g 地衣红,继续回流煮沸 1 h 后过滤备用。临用前,取等量的 2％醋酸地衣红与 70％乳酸液混合,过滤后使用。

四、吉姆萨染液

取 0.5 g 吉姆萨(Giemsa)粉末,加 33 mL 纯甘油,在研钵中研细,放在 56℃恒温水浴中保温 90 min。再加入 33 mL 甲醇,充分搅拌,用滤纸过滤,于棕色细口瓶保存,作为原液。用时以磷酸缓冲液稀释。

附录5 同工酶实验部分常用试剂配方

1. 同工酶制胶缓冲液的配制

（1）CT－7.0 制胶缓冲液

三羟甲基氨基甲烷 1.09 g，用柠檬酸调至 pH 7.0，蒸馏水定容至 1 L。

（2）CT－8.0 制胶缓冲液

三羟甲基氨基甲烷 1.21 g，用柠檬酸调至 pH 7.0，蒸馏水定容至 1 L。

（3）CAPM－6.0 制胶缓冲液

柠檬酸 0.42 g，用 3-氨甲基-吗啡啉调至 pH 6.2，蒸馏水定容至 1 L。

（4）CAPM－7.0 制胶缓冲液

柠檬酸 0.42 g，用 3-氨甲基-吗啡啉调至 pH 7.0，蒸馏水定容至 1 L。

2. 同工酶电泳缓冲液配制

（1）CT－7.0 电泳缓冲液

三羟甲基氨基甲烷 16.35 g，用柠檬酸调至 pH 7.0，蒸馏水定容至 1 L。

（2）CT－8.0 电泳缓冲液

三羟甲基氨基甲烷 20 g，用柠檬酸调至 pH 8.0，蒸馏水定容至 1 L。

（3）CAPM－6.0 电泳缓冲液

柠檬酸 8.4 g，用 3-氨甲基-吗啡啉调至 pH 6.2，蒸馏水定容至 1 L。

（4）CAPM－7.0 电泳缓冲液

柠檬酸 8.4 g，用 3-氨甲基-吗啡啉调至 pH 7.0，蒸馏水定容至 1 L。

3. 同工酶染色缓冲液配制

（1）0.2M Tris－HCl，pH8.0

三羟甲基氨基甲烷 24.22 g，用 HCl 调至 pH 8.0，蒸馏水稀释至 1 L。

（2）0.2M Tris－HCl，pH8.5

三羟甲基氨基甲烷 24.22 g，用 HCl 调至 pH 8.5，蒸馏水稀释至 1 L。

（3）0.2M Tris－HCl，pH9.5

三羟甲基氨基甲烷 24.22 g，用 HCl 调至 pH 9.5，蒸馏水稀释至 1 L。

（4）0.1M 磷酸缓冲液，pH7.0

磷酸氢二钠 17.91 g 和磷酸二氢钠 8.05 g，溶解定容至 1 L。

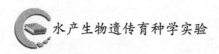

4. 常见同工酶的染色液配制方法

同工酶	英文名和缩写	试剂	浓度	用量
乙醇脱氢酶	Alcohol dehydroenase ADH	乙醇	99%	1~2 mL
		Tris—HCl	0.2 mol·L^{-1} pH8.5	25 mL
		NAD 基本保存溶液	0.25%	25 mL
		PMS 基本保存溶液	0.5%	0.5 mL
甘油醛-3-磷酸脱氢酶	Glyceraldehyde-3-phosphate dehydrogenase G3PDH	a-Glycerol phosphate		200 mg
		Tris—HCl	0.2 mol·L^{-1} pH8.5	25 mL
		NAD 基本保存溶液	0.25%	25 mL
		PMS 基本保存溶液	0.5%	0.5 mL
苹果酸脱氢酶	Malate dehydrogenate MDH	苹果酸		250 mg
		Tris—HCl	0.2 mol·L^{-1} pH9.5	25 mL
		NAD 基本保存溶液	0.25%	25 mL
		PMS 基本保存溶液	0.5%	0.5 mL
乳酸脱氢酶	Lactate dehydrogenase LDH	乳酸锂		0.6 mL
		Tris—HCl	0.2 mol·L^{-1} pH8.5	25 mL
		NAD 基本保存溶液	0.25%	25 mL
		PMS 基本保存溶液	0.5%	0.5 mL
异柠檬酸脱氢酶	Isocitrate dehydrogenase IDHP	异柠檬酸三钠		25 mg
		Tris—HCl	0.2 mol·L^{-1} pH8.0	25 mL
		NADP 基本保存溶液	0.25%	25 mL
		MgCl$_2$	1 mol·L^{-1}	1.2 mL
		PMS 基本保存溶液	0.5%	0.5 mL
超氧物歧化酶	Superoxide dismutase SOD	氯化硝基四氮唑兰		10 mg
		乙二胺四乙酸二钠盐		100 mg
		Tris—HCl	0.2 mol·L^{-1} pH9.5	25 mL
		乙醇		2.5 mL
		PMS 基本保存溶液	0.5%	0.5 mL
		蒸馏水		20 mL

（续表）

同工酶	英文名和缩写	试剂	浓度	用量
磷酸葡萄糖变位酶	Phosphoglucomutasse PGM	6-磷酸葡萄糖酸钠		50 mg
		Tris－HCl	0.2 mol·L^{-1} pH8.0	25 mL
		MgCl$_2$	1 mol·L^{-1}	0.4 mL
		NADP 基本保存溶液	0.25%	25 mL
		Glucose-6-phosphaste dehydrogenase		25 U
		PMS 基本保存溶液	0.5%	0.5 mL
酯酶	Esterase EST	丙酮		1 mL
		固牢 RR 盐		32 mg
		磷酸缓冲液	0.1 mol·L^{-1} pH7.0	20 mL
		乙醇		2 mL
		α-萘乙酸	1%	20 mL
苹果酸酶	Malic enzyme ME	苹果酸		250 mg
		Tris－HCl	0.2 mol·L^{-1} pH8.5	25 mL
		MgCl$_2$	1 mol·L^{-1}	1 mL
		NADP 基本保存溶液	0.25%	25 mL
		PMS 基本保存溶液	0.5%	0.5 mL
山梨醇脱氢酶	Sorbitol dehydrogenase SDH	Sorbitol		125 mg
		Tris－HCl	0.2 mol·L^{-1} pH8.0	25 mL
		NAD 基本保存溶液	0.25%	25 mL
		PMS 基本保存溶液	0.5%	0.5 mL
6-磷酸葡萄糖脱氢酶	Glucose-6-phosphate dehydrogenase G6PDH	Glucose-6-phosphate		25 mg
		Tris－HCl	0.2 mol·L^{-1} pH8.0	25 mL
		MgCl$_2$	1 mol·L^{-1}	0.6 mL
		PMS 基本保存溶液	0.5%	0.5 mL

附录6 分子遗传学部分常用试剂配方

一、CTAB Buffer

配制 200 mL CTAB Buffer:	终浓度	MW
2-ME:0.4 mL	(0.2% *V/V*)	78.13
CTAB:4 g	(2% *W/V*)	364.5
1M Tris—Cl(母液):20 mL	(100 mM, pH8.0)	121.4
0.25M EDTA(母液):16 mL	(20 mM, pH8.0)	372.24
NaCl:16.363 g	(1.4M)	58.44

定容至 200 mL

注明:灭菌保存,使用前加入 2—ME

二、细胞核 DNA 荧光素定量染色缓冲液

PBS 缓冲液内加入 3 000 U RNA 酶和 10 μmol·mL^{-1}碘化乙锭(PI)或 DAPI。

三、1 M Tris—HCl (pH 7.4,7.6,8.0)

称量 121.1 g Tris 置于 1 L 烧杯中。加入约 800 mL 的去离子水,充分搅拌溶解。按下表量加入浓盐酸调节所需要的 pH。将溶解定容至 1 L。高温高压灭菌后,室温保存。

pH	浓 HCl
7.4	约 70 mL
7.6	约 60 mL
8.0	约 42 mL

注意:应使溶液冷却至室温后再调定 pH,因为 Tris 溶液的 pH 随温度的变化差很大,温度每升高 1℃,溶液的 pH 大约降低 0.03 个单位。

四、0.5 M EDTA(pH 8.0)

称取 186.1 g Na$_2$EDTA·2H$_2$O,置于 1 L 烧杯中。加入约 800 mL 的去离子水,充分搅拌。用氢氧化钠调节 pH 至 8.0(约 20 g 氢氧化钠)。加去离子水将溶液定容至 1 L。适量分成小份后,高温高压灭菌。室温保存。

注意:pH 至 8.0 时,EDTA 才能完全溶解。

五、10×TE Buffer (pH 7.4,7.6,8.0)

量取 1 M Tris－HCl Buffer (pH 7.4,7.6,8.0)100 mL,500 mM EDTA (pH 8.0)20 mL 置于 1 L 烧杯中。向烧杯中加入约 800 mL 的去离子水,均匀混合。将溶液定至 1 L 后,高温高压灭菌。室温保存。

六、3 M 醋酸钠(pH 5.2)

称取 40.8 g NaAc·3H$_2$O 置于 100～200 mL 烧杯中,加入约 40 mL 的去离子水搅拌溶解。加入冰乙酸调节 pH 至 5.2。加入去离子水将溶液定容至 100 mL。高温高压灭菌后,室温保存。

七、Tris－HCl 平衡苯酚

大多数市售液化苯酚是清亮无色的,无须重蒸馏便可用于分子生物学实验。但有些液化苯酚呈粉红色或黄色,应避免使用。同时,应避免使用结晶苯酚,结晶苯酚必须在 160℃对其进行重蒸馏除去诸如醌等氧化产物,这些氧化产物可引起磷酸二酯键的断裂或导致 RNA 和 DNA 的交联等。因此,苯酚的质量对 DNA,RNA 的提取极为重要。由于在酸性 pH 条件下 DNA 分配于有机相,因此使用苯酚前必须对苯酚进行平衡使其 pH 达到 7.8 以上。苯酚平衡操作方法如下:

液化苯酚应贮存于－20℃,此时的苯酚呈现结晶状态。从冰柜中取出的苯酚首先在室温下放置使其达到室温,然后在 68℃水浴中使苯酚充分溶解。加入羟基喹啉(8-Quinolinol)至终浓度 0.1%。该化合物是一种还原剂、RNA 酶的不完全抑制剂及金属离子的螯合剂,同时因其呈黄色。有助于方便识别有机相。加入等体积的 1 M Tris－HCl(pH 8.0),使用磁力搅拌器搅拌 15 min,静置使其充分分层后,除去上层水相。重复操作数次。然后加入等体积的 0.1 M Tris－HCl(pH 8.0),使用磁力搅拌器搅拌 15 min,静置使其充分分层后,除去上层水相。重复操作数次。稍微残留部分上层水相。使用 pH 试纸确认有机相的 pH 大于 7.8。将苯酚置于棕色玻璃瓶中 4℃避光保存。

苯酚腐蚀性极强,并可引起严重灼伤,操作时应戴手套及防护镜等。所有操作均应在通风橱中进行,与苯酚接触过的皮肤部位应用大量水清洗,并用肥皂和水洗涤,忌用乙醇。

八、苯酚:氯仿:异戊醇

从核酸样品中除去蛋白质时常常使用苯酚:氯仿:异戊醇(25:24:1)。氯仿可使蛋白质变性并有助于液相与有机相的分离,而异戊醇则有助于消除抽提过程中出现的气泡。将 Tris－Hcl 平衡苯酚与等体积的氯仿:异戊醇(24:

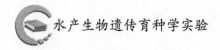

1)均匀混合后,移入棕色玻璃瓶中 4℃保存。

九、10×TBE Buffer(pH 8.3)

称取 Tris 108 g、Na$_2$EDTA・2H$_2$O 7.44 g 和硼酸 55 g,置于 1 L 烧杯中。加入约 800 mL 的去离子水,充分搅拌溶解。加去离子水将溶液定容至 1 L 后,室温保存。

十、溴化乙锭(10 mg・mL^{-1})

称取 1.0 g 溴化乙锭,加入到 200 mL 容器中。加入去离子水 100 mL,充分搅拌数小时完全溶解溴化乙锭。将溶液转入棕色瓶,室温避光保存。溴化乙锭最终工作浓度为 0.5 μg・mL^{-1}。

十一、6×DNA Loading Buffer (双染料)

称取溴酚兰 25 mg 和二甲苯腈蓝 FF 25 mg 置于 15 mL 塑料离心管中。向离心管中加入 6 mL 去离子水,充分搅拌溶解。加入 3 mL 甘油混匀,最终用去离子水定容至 10 mL,室温保存。

参考文献

1. Beaumont A，Hoare K．Biotechnology and Genetics in Fisheries and Aquaculture．Blackwell Publishing Ltd．2003.

2. Dunham R A．Aquaculture and Fisheries Biotechnology：Genetic Approaches．CABI Publishing，Wallingford，Oxfordshire（UK）．2004.

3. Griffiths A J F，Miller J H，Suzuki D T，Lewontin R C，Gelbart W M．An Introduction to Genetic Analysis．7th Edition．Freeman：New York．1999.

4. 范兆廷．水产动物育种学．北京：中国农业出版社，2005.

5. 季道藩．遗传学实验（第 1 版）．北京：中国农业出版社，1992.

6. 李惟基．新编遗传学教程．北京：中国农业大学出版社，2003.

7. 刘祖洞，江绍慧．遗传学实验．北京：高等教育出版社，1997.

8. 刘祖洞．遗传学（第二版）．北京：高等教育出版社，1990（2003 重印）.

9. 楼允东．鱼类育种学．北京：中国农业出版社，1999.

10. 孙乃恩，等．分子遗传学．南京：南京大学出版社，1990.

11. 王亚馥，戴灼华．遗传学．北京：高等教育出版社，1999.

12. 吴清江，桂建芳，等．鱼类遗传育种工程．上海：上海科学技术出版社，1999.

13. 吴仲庆．水产生物遗传育种学．厦门：厦门大学出版社，2000.

14. 徐晋麟，等．现代遗传学原理．北京：科学出版社，2000.

15. 杨业华．普通遗传学．北京：高等教育出版社，2000.

16. 朱玉贤，李毅．现代分子生物学．北京：高等教育出版社，2002.

17. 余先觉．中国淡水鱼类染色体．北京：科学出版社，1989.

18. 王如才，等．牡蛎养殖技术．北京：金盾出版社，2004.

19. 王金发，戚康标，何炎明．遗传学实验教程．北京：高等教育出版社，2008.